北京大学设计课程系列

乡土景观解释学
Vernacular Landscape Interpretation

俞孔坚　李嘉宁　姜河之是　郑心怡
刘晋源　彭　晓　王玉圳　著

中国建筑工业出版社

感谢望山生活对本书图片资源的支持

前言

城市的快速扩张和乡村建设的不当开发模式，使得乡土的、寻常的景观及遗产遭到破坏（俞孔坚，2021；侯晓蕾 等，2015）。其主要原因之一，在于政府、规划师、设计师甚至当地人等对乡土景观的改造能力超过了理解能力。盲目的改造行为小则干扰了当地居民的正常生活，大则破坏了千百年来形成的文化遗产与景观格局，威胁到当地人的生存（芦旭 等，2017；李畅 等，2015）。因此，对乡土景观的含义与价值进行发掘与传播，需要开展一项以"阐释"为目的的研究，以了解乡土风情，尊重当地居民，表达景观思想并影响他人。进而在景观规划与设计中体现和满足普通人生活和行为的需要（俞孔坚 等，2005），避免当下利益所导致的短视行为对周边的生态和人文环境造成不可逆的伤害。

这就是乡土景观的阐释研究：以乡土景观为切入点，阐释与当地人生活相关的乡土生态、社会与精神文化。

乡土景观的阐释需要遵循四大原则：
- 根植于当地人的生活，反映地方文化：作为当地人不自觉的"自传"，乡土景观以有形、可见的形式体现了当地人的品味、价值观、渴望、抱负甚至恐惧（Lewis，1979）。
- 结合当地的地理背景与自然环境：乡土景观阐释应以了解当地的生态本底——地理背景与自然环境的基本知识为前提（Lewis，1979）。
- 在当地历史背景下了解历史事物：要研究先人对乡土景观的塑造过程，必须通过对历史痕迹的考证与分析、对历史文物与档案的整理与思考、对人的记忆的访谈等"路径"，回到当时的自然与文化背景下。
- 整体性的阐释：乡土景观阐释应呈现出乡土景观作为"一个整体"而非零散的部分，应对丰富的事实进行筛选，联系看似不相关的事实，从而营造"内在统一的感知"（Tilden，1957）。

目录

001 一　严田村景观现状

　　002　区位分析
　　003　自然要素
　　003　　坡度坡向
　　004　　河流水系
　　006　　土地利用
　　007　文化遗产
　　007　　水利文化遗产
　　009　　建筑文化遗产
　　011　　农业文化遗产

015 二　基于史料的乡土景观解释

　　016　《婺源县志》中的严田
　　016　　数据来源
　　017　　婺源面貌
　　019　　严田面貌

022　族谱中的严田
022　严田村变迁
030　王村
031　巡检司
032　严田村秉承的价值观

035　三　基于地理空间信息的乡土景观解释

036　研究框架
040　景观服务（生态系统服务）评价
040　评价方法
041　各项评价结果
042　评价方法
044　景观演变特征
044　宏观——总体演变及各景观要素的变化
047　中观——景观斑块间的交互
052　微观——景观肌理
060　景观演变动力
060　自变量选择
062　预测模型

073 四 严田村乡土景观与理想人居"行读"设计

074 面向儿童的"行读"与体验:严田村"宗族文化与乡土景观"
074 "行读"主题
076 "行读"路线
081 解说系统
086 严田村"宗族文化与乡土景观"大众"行读"
086 "行读"主题
088 "行读"路线
089 解说系统
108 跨学科视角下的乡土景观阐释学"研究式行读"
108 研究主题
110 行读路线
111 解说系统

120 附录

121　附录一：族谱中的严田景观记载
127　附录二：严田村古建筑基础资料梳理
129　附录三：严田村水利遗产数据表

131 参考文献

乡土景观阐释
应以了解当地的生态与文化本底为前提

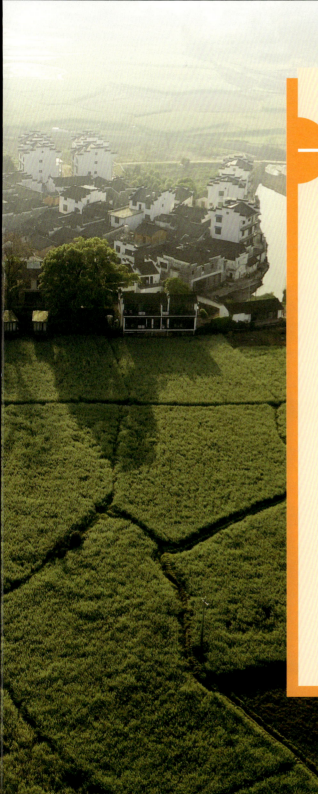

一 严田村景观现状

严田村位于江西省婺源县赋春镇，赣、浙、皖三省交界处，东邻婺源县城，西毗景德镇，距离婺源高铁站约40分钟车程，所辖王村、上严田、巡检司、下严田、儒家湾5个自然村，其土地利用符合婺源县"八分半山一分田，半分水路和庄园"的总体特征。各村庄背靠群山、面向农田而建，横槎水（古称"梅源水"）环村抱边，整体村落选址呈现"枕山、环水、面屏"的格局。

严田村为李氏、朱氏、王氏、潘氏等宗族的聚居地，文化遗产丰富。水利文化遗产方面，保留有完善的桥、堨、塘、渠系统；建筑文化遗产方面，有保存完好的明清古建筑70余栋，包括李氏、朱氏、王氏祠堂等公共建筑，八字门与诸多古民居；千年徽饶古道穿村而过，承载历史故事的同时还作为村内重要的慢行交通系统的一部分。除物质遗产外，严田村还保留有樟木手工艺等传统技艺，以及民间故事、传说、神话等口述历史。保留有丰富的物质与非物质文化活态遗产成为本书选择研究严田村的重要原因。

区位分析

严田村位于江西省婺源县赋春镇，赣、浙、皖三省交界处，东邻婺源县城，西毗景德镇，区位优势明显。距离高铁站约40分钟车程、机场1小时车程，交通便利。作为赋春镇管辖的一个行政村，严田村由上严田、下严田、巡检司、王村、儒家湾5个自然村组成。

严田五村分布图

自然要素

坡度坡向

严田村为盆地地形，雨水和山林涵养的水源从各个山谷流下汇于横槎水，先民们沿山谷和溪流耕种，在背靠群山、面向农田的坡地修建房屋，顺应地形修建山路，并通过西南—东北向的道路串联5个自然村。

横槎水流域的地势较为平缓，坡度为0~6.5°，除流域地区之外，严田村的平均坡度为21°左右，最大坡度可以达到72°，主要为一些小山包，河流从山谷发脉。

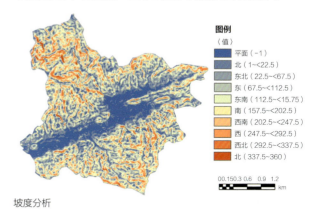

坡度分析

坡向显著影响了房屋的朝向。以盆地中间的横槎水为界，大致可以将严田村分为西北和东南两个部分。西北部分的坡向基本全部朝南，因此分布在此处的村庄——上严田村、巡检司村和下严田村的房屋大多朝南；东南部分多朝西北，因此分布在此的王村，其房屋大多朝北。

高程分析

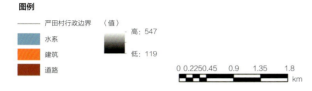

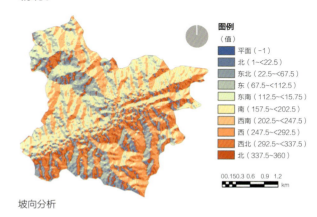

坡向分析

一　严田村景观现状　｜　003

河流水系

严田村水系由一支干流和若干支流组成，支流的水从山顶发源。大小山坞内均修有水库，以更好地涵养水源。为了便于灌溉，村民们挖掘、疏通沟渠，将干流中的水引入农田，但目前许多古沟渠已经干涸，现存沟渠呈现时令性的特点。

横槎水环村抱边，水口为"一方众水所总出处也"（缪希雍，《葬经翼》），是村落的咽喉。改造水口主要是"障空补缺"和"引水补基"，即针对地形缺陷，培土、筑堤、垒坝，或建造桥、亭、阁、塔等以补其缺，改善村落的环境及景观，形成"绿树村边合，青山郭外斜"的总体特征，水口也成为全村的公共园林。水口林是盆地生态适应机制的遗迹，不仅具有涵养水源、调节气候、水土保持等功能，而且是村民认知图式中的空间标识物，产生空间屏蔽效应。

严田村整体的村落选址呈"枕山、环水、面屏"的格局，充分体现了中国传统理想人居模式的庇护、捍域和自然依赖特征。

严田村水系图

严田村水系与农田叠加图

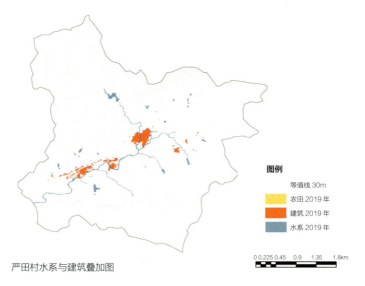

严田村水系与建筑叠加图

图例
等值线 30m
农田 2019年
建筑 2019年
水系 2019年

上严田水口林

下严田水口林

巡检司水口林

土地利用

总体来看,严田村的用地类型符合婺源县"八分半山一分田,半分水路和庄园"的总体特征。村域内的坡地大多为林地,林地涵养的水源汇到中间的干流;生产、生活建设用地分布在河流两岸,农田和道路随河流的形态整体为带状分布,呈西南—东北走向。近年来,农田和建设用地的面积在不断增大,主要往西南和东北两个方向拓展。水域面积在不断减少,水库数量却在增加,呈现分散分布的特征。

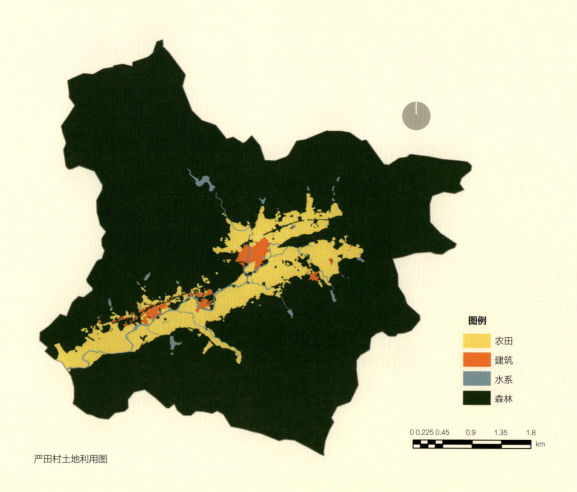

图例
- 农田
- 建筑
- 水系
- 森林

0 0.225 0.45　0.9　1.35　1.8 km

严田村土地利用图

文化遗产

水利文化遗产

严田村现存水利文化遗产和文化景观丰富，包括河道上的古桥、古堰（徽州地区又称为"碣"），村中和田野上的水塘，用于农业和日常生活用水的水圳、水井等。作为村口标识物的桥是水口景观的组成部分，以增加"锁钥"之势，体现了村民的捍域意识；古堰在对自然生态过程影响较小的前提下抬高了水位，解决了水利用问题。作为传统生态智慧的结晶，这些水利遗产至今仍维持着村民的生活和生产。

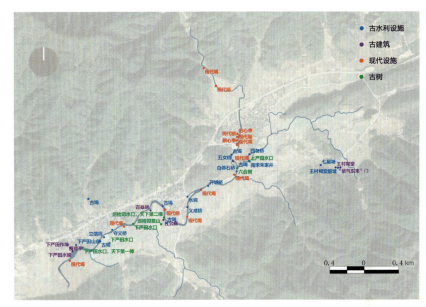

严田村遗产点（已列入当地清单）分布图

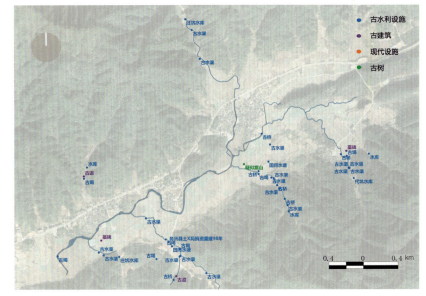

严田村遗产点（调研新发现）分布图

一　严田村景观现状　｜　007

揭秘河步与南宋朱家井

建筑文化遗产

上严田、下严田、王村、巡检司村仍保存有部分历史建筑,且上严田保护状况最佳,较为完整地保留着南宋、元、明、清、民国时期的建筑。历史建筑的布局和结构反映了古严田乡民在人多地少环境下的营居智慧。

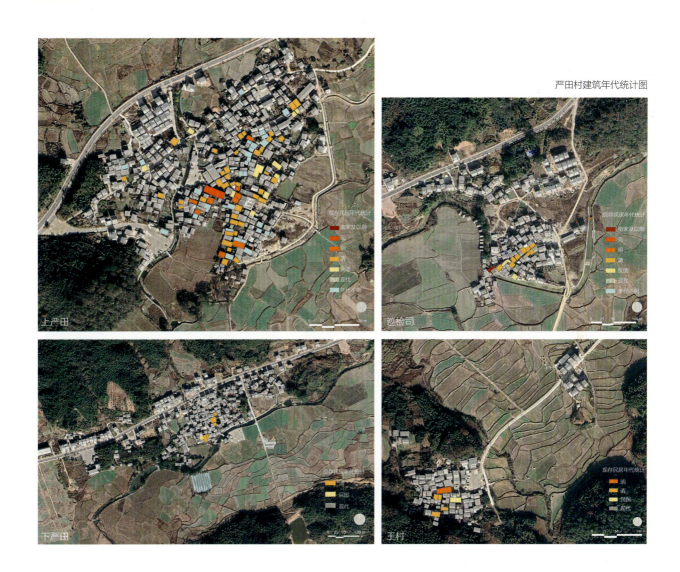

严田村建筑年代统计图

一 严田村景观现状

在建筑布局上，历史建筑面水而设，布置紧凑，相互遮挡，采光较差。房间距小甚至两宅共用一堵墙，在两宅之间，通常有细长的排水沟。在建筑内部，公共建筑往往采用天井式设计，兼具采光、通风和降温的功能，四周屋面的水流入天井，称"四水归堂"，是人们适应盆地环境、合理利用自然的表现。对于民居而言，高墙洞窗是其主要特征。小窗是封建时代徽商出门在外，妇孺留守在家，出于防盗考虑的设计，但窗户由外向内呈台体状放大，增大了屋内的采光面积。

朱氏敦睦堂天井及"四水归堂"

两宅之间狭长的排水沟

严田古民居的高墙洞窗

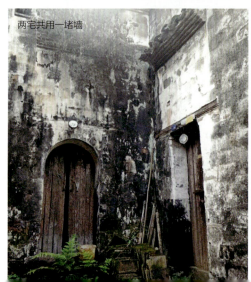

两宅共用一堵墙

农业文化遗产

严田村为盆地地形，农田四周山林环绕，降雨时营养物质从山林流入农田，维持着良好的地力。古人根据北极出地高度确定二十四节气，并根据节气、自然现象与动物表现等积累了"侯占"经验，以此来预测农业和养殖业的生产成效，并根据相应的月份和节气确定农作任务，顺应自然天象来合理安排农业生产，维持了农田生态的健康与安全。

星象与节气是指观察每个月星宿的朝向（"按斗建者夕时之说也，正月自当为寅，二月自当为卯，日辰当其月之日者谓之建，十二月皆然；非因斗构所指，北斗随岁差而移，正月不常指寅……"），并总结出当地的节气规律，为农业耕种提供参考。

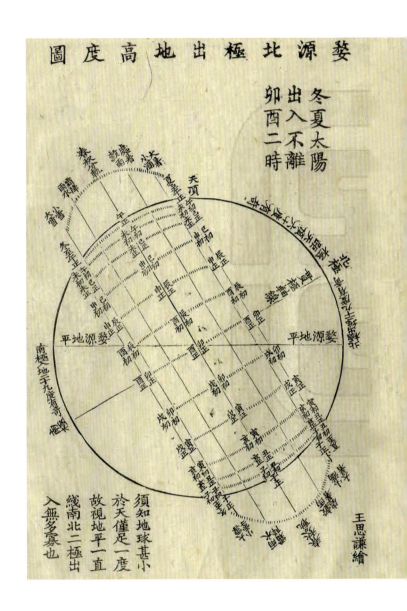

婺源北极出地高度图
来源：（清）葛韵芬等纂修，《婺源县志》卷二《疆域一·图考·二》，民国十四年（1925年），国家图书馆藏

婺源侯占表

月份	侯占经验
正月斗建寅	立春日，司牧氏迎温青郊，出土牛以送寒气。岁首元旦，四方有黄气则岁大熟，白气主兵，青主蝗，赤主旱，黑主水……是月也，莳松秧，插杉苗，栽栎木。谚传立春前后五日栽木，木神不知。商人采木植于山，农家芸二麦。
二月斗建卯	社日喜雨，俗谓社神试新水。占雷，未惊蛰先雷，主本月多雨，次月旱。占雪，春雪多，则夏大水，水涨如其数……是月也，种茶种靛，并分移花木，农家浸谷种。
三月斗建辰	三日占蛙鸣，午前鸣高田熟，午后鸣低田熟。唐诗云，田家无五行，水旱卜蛙声。是日，民家祀神于水，修禊事以除不详……是月也，农治田布秧种，探新茗，民伺雷声捕蚖于大石山中，为腊以治疟。
四月斗建巳	立夏日，青气见东南吉，立夏小满俱宜雨。谚云：立夏不下，高田放罢；小满不满，芒种不管……是月也，刈二麦，莳禾秧，收白苎，种木棉，栽薯芋及姜，收油菜子，取为油。
五月斗建午	月朔，东风竟日，米大贵，南风至，主大雨，寒气侵人，主晴……是月也，霉雨多暴涨，妇纺绩，农耕田，粪灰草。晴久则夜守水于田间，二十五六，谓之分龙，大晴大雨，卜雨旸时。
六月斗建未	朔值大暑，人有炎；值小暑，主大水。稻方含花，忧风，南风急，主旱……是月也，上伏种芝麻，中伏种粟，间有收早稻者，制曲蘖，造酱醋，采木槿，民宜淡食，节饮茹。

月份	候占经验
七月斗建申	七夕以前占河影，没三日而复见，则谷贱；汲七日而复见，则谷贵……立秋日，忧雨，俗谓临秋雨妨种麦豆，有雷坏中禾……是月也，凉风至，白露降，寒蝉鸣，早稻登，农家种豆及收麦。
八月斗建酉	秋分日，宜雨。中秋占月，月明则鱼不产，晦则次春多雨。谚云：云罩中秋，月雨打上元灯……是月也，收靛，起染，收木棉，农刈中禾。
九月斗建戌	自一日至九日，凡北风则谷贱，重阳日无雨则一冬晴。霜早降，杀晚禾，损白苎、荞麦……是月也，收姜芋及栗枣，剥桐实，晚稻乃登。
十月斗建亥	朔日宜晴。谚云：十月初一晴，柴炭谷米平。气和似春，称小阳春。日午北风急，至昏而息，则有霜，不息则否……是月也，农种二麦，栽油菜及冬蔬，藏姜芋种，取桕油，亦可移栽花木。
十一月斗建子	占冬至，月头，一冬主暖。谚云：卖被买牛是也。至日有青云见北方，主来岁熟。占雪，雪多主丰年，民无灾病……是月也，收芜菁，治木棉，取薪炭。
十二月斗建丑	大小寒多风雪损畜，无雨则来岁早寒，气在上则雪，在下则冰……是月也，商旅归，缮居室，礼嫁娶，理埋葬，谨盖藏备储蓄。腊之杪，家人椒酒谯聚，分岁祈年。

（清）葛韵芬等纂修，《婺源县志》卷三《疆域三·星野·三》，民国十四年（1925年），国家图书馆藏

为了理解乡土景观
我们必须试着去理解塑造
它们的人——
我们的文化祖先在他们的文化背景下

二 基于史料的乡土景观解释
——严田村作为古代桃花源的典型

严田村盆地地形的障蔽作用使其成为古代李氏、王氏与朱氏的避乱迁居之地，一千多年以来，各宗族的发展与严田村景观的形成及演变息息相关。

本部分首先通过《婺源县志》了解严田概况。在族谱方面，共收集王氏族谱2套、李氏族谱6套、朱氏族谱1套，其中可用于乡土景观解释研究的文字主要集中于序、家传、记、诗、人物录、基图、墓图等部分，其余如宗规、家训等则作为文化方面的补充。本篇提取与乡土景观的形成、演变及乡土景观背后生态、经济、社会、文化等信息相关的文字，纳入解释内容。该部分内容有利于了解现有的村落格局、水利遗产、建筑遗产、宗族文化等的形成背景。

《婺源县志》中的严田

数据来源

（清）葛韵芬等纂修，《婺源县志》，民国十四年（1925年），国家图书馆藏

（清）黄应昀、朱元理等纂修：《婺源县志》，清道光六年（1826年），国家图书馆藏

（清）吴鹗等纂修，《婺源县志》，清光绪九年（1883年），国家图书馆藏

《婺源县志》部分目录
来源：（清）葛韵芬等纂修，《婺源县志》，民国十四年（1925年），国家图书馆藏

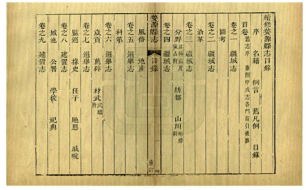

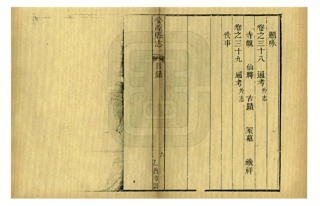

婺源面貌

概况

唐开元二十八年(740年)建县,以婺州水之源因名"婺源"。元元贞元年(1295年)县改为州,明洪武二年(1369年)州复为县,历隶安徽。民国二十三年(1934年)九月划隶江西,三十六年(1947年)8月划回安徽。1949年5月又划隶江西。1952年属上饶专区。1971年属上饶地区。2000年为上饶市辖县至今。

境内山多田少,形胜附:天下三山六水土处一焉,婺之壤则山踞八九,水与土逼处其间,才一二耳。民之劳俭由斯,而以灵异产、贤哲亦由斯也。流峙攸关大矣,哉志山川。

婺源地处亚热带,属东南季风温暖湿润气候,境内土壤偏酸,林业资源丰富,自然灾害中水、旱灾为多。历代文风炽盛,素有"书乡"之称。山川秀丽,景物壮观,历史名人李白、黄庭坚、卢潘、宗泽、岳飞等,都曾跋山涉水到此一游,留下了不少题咏。

历史沿革

唐代:建婺源县,县治设清华,隶属歙州。乾符四年(877年),黄巢起义军攻入县境,次年又至。天复元年(901年),县治由清华迁弦高(今婺源县城内),修筑港口,储水为西湖,使溪水绕城三面。南唐都制置使刘津建筑新城墙,散兵武溪水各处,垦田为永业。

宋代:婺入宋朝,创办县学,岳飞讨李成经过婺源,胡升首编县志。

元代:县改为州,编写县志。红巾军两次攻占婺源州城,后婺归顺朱元璋部。

明代:州复为县,兴立社学,四乡建粮仓,优待老人,编写县志。正德年间,农民起义,宁王背叛朝廷攻入县境。嘉靖年间,虎群至境,百姓焚山驱虎,损失苗木亿万株,火灾、水灾多发,矿工起义。万历年间,婺源大旱、大饥荒,又发瘟疫,县民饿死、病死的遍布道旁,孤村相望几无人烟。天启年间,发生大水灾。

县志资料分析

户口

据考证，4000多年前，婺源境内就有先民劳动生息。唐朝末年，战争连年，北方人口南迁，不少流民在县内定居。南唐，关西军镇守婺源，后不能回原籍，便就地解散，垦荒屯田，安家落户。户籍有记载的是从北宋天禧二年（1018年）开始，元朝人口失考，明初由于元末战乱，外地人口纷纷来婺避难山居，人口增多。后政局稳定，外地人口陆续回迁，本县人口逐渐减少。万历以后，县内水旱灾荒频发，居民不断外徙和死亡。清顺治年间人口依然减少，后逐年增长。民国时，由于军阀割据、外国侵略和内战不断，县内人口时增时减。

恤政

叙曰天灾流行，国家代有，尧水汤旱，殆有数焉，存乎其间，救灾者发粟米，惟恐其后民忧更生，仁政所以弥天地之憾也，志恤政。恤政记载中，政府多赈灾、免钱粮，乾隆前赈灾依靠政府，但至乾隆时期，民间力量兴起，可平衡米价、捐粮赈灾。

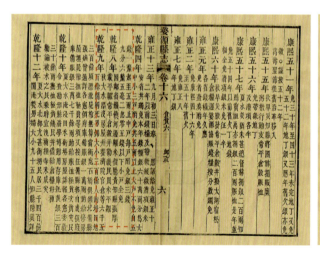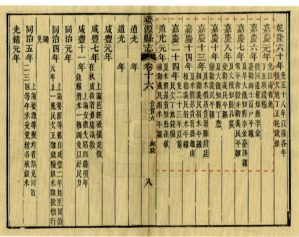

《婺源县志》中的恤政记载
来源：（清）吴鹗等纂修，《婺源县志》卷十六《食货六·恤政·六、八》，清光绪九年（1883年），国家图书馆藏

严田面貌

婺源在明初定坊都制，县又西为游汀乡，辖5里、6都、13图，严田位于其中的符溪里四十三都。

康熙、道光年间，严田属四十三都；而在光绪、民国年间，严田属四十二都。清宣统改坊都制为区乡制，民国时区的划分多变。庚申按自治章程，大县不得过10区，公牍往还遵章办理，而地方习惯仍分为17区，各分图见下。

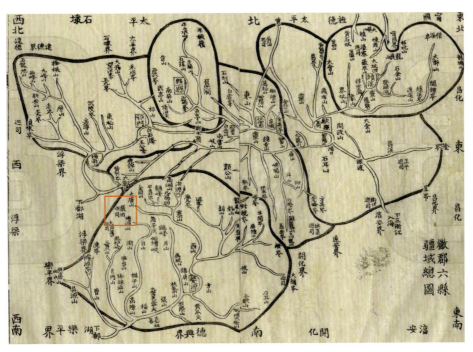

徽郡六县疆域总图（民国）

县境原分十区总图（民国）

西一区图（民国）

来源：（清）葛韵芬等纂修，《婺源县志》卷二《疆域一·图考·四、五、六》，民国十四年（1925年），国家图书馆藏

船槽峡岭

在地理位置上,严田村紧邻船槽峡,《婺源县志》载,"迨明嘉靖甲子始,(船槽峡)遭附近奸民伐石烧灰,不二年即有狂贼蹢城之变。后此数十年来,人文财赋日渐衰落,职有此故也。奸民口实,灌田、扦网、觳禁,弋利无厌,自昔及今,上官长令,时申严禁而亦时弛峡之损毁日甚矣"❶。为保船槽峡生态,地方政府发《保龙图说》,严禁伐石烧灰行为。"凡十七都、十八都、二十三都、四十三都,伐石烧灰处,所皆系县学龙脉逶迤盘绕之地,无论在官在民之山,一切不许伐石烧灰,犯者挐(同"拿")究,宪牌揭日,铁案如山,载在全书,昭垂久远……"❷,其中四十三都即为严田所在区域。古人严禁伐石烧灰的举措,保障了严田村山林环境的可持续发展。

上图:婺源县疆域山川乡都总图
来源:(清)吴鹗等纂修,《婺源县志》卷一《疆域一·图考·四、五、六》,清光绪九年(1883年),国家图书馆藏

下图:婺源县志学宫来龙总图
来源:(清)吴鹗等纂修,《婺源县志》卷一《疆域一·图考·十七、十八》,清光绪九年(1883年),国家图书馆藏

❶ (清)黄应昀、朱元理等纂修,《婺源县志》卷之一《疆域一·图考·十三》,清道光六年(1826年),国家图书馆藏。
❷ (清)黄应昀、朱元理等纂修,《婺源县志》卷之一《疆域一·图考·十七》,清道光六年(1826年),国家图书馆藏。

古人的自然观与生态保护

直隶徽州府梁，为恳保县学龙，以培地脉、以振人文事，据本县申查禁伤船槽岭龙脉缘由，奉批览图。峰峦秀耸，内如三龙会脉，两湖中夹，月峰左峙，日峰右起，文笔砚池，种种奇绝，惜哉伤于愚民之手。盖缘向缺表章，是以官失呵护，则前志遗漏之罪也。此后有敢盗采者，官府学校共仇之，此郡邑得为当为可为事理，不必转达院道也。

——万历三十四年（1606年）二月十五日

事照得后开各山系，本县县治县学龙脉磅礴逶迤，经行十七都、十八都、二十三都、四十三都，地方愚民伐石烧灰，损伤非细，迩来科第少逊，罪在伐石者。

——万历三十四年（1606年）二月十五日

自附近奸民射利，凿石烧灰，相传全盛秀山参伤已半，乃禁者自禁，伐者自伐，或随禁而随弛甚，或明禁而明夺夫。城山玲珑石、重台虎石，左自狮山月山，右自龙山日山，俱不许凿动尺寸，敢有违犯，许所在乡里人等据实首告，凿山之家罄其资产，入官重则枷示，乡里容隐不举，事发一体重究，县官随时随事查访，有觉必究，务全此卷石为地方功德特示。

——天启元年（1621年）二月十六日

星源形胜甲江南乃人文之渊薮也。学宫龙脉，山船槽岭停毓而来曩，昔绅衿轮资买山，保护禁挖，灰窑有年所矣，何物射利之徒肆行凿削，知肥私囊，而罔顾公义。

——顺治十二年（1655年）五月十二日

事照得婺源船槽峡为一邑来龙，有关风水何物，奸棍串通衙蠹，积歇托言，旁枝借口壅田，混呈打点，阳顺阴逆，私开窑户，取石镕灰，肆行戕凿，使龙伤气泄，石吼山鸣，财赋凋残，文风靡盛，本府披阅绅衿公呈，殊堪发指，本应立拿重处，既经该县，亲勘平没窑场，若辈奸谋谅，难复起除，已往免究外示。

——康熙六年（1667年）十二月

严批勒石，凡十七都、十八都、二十三都、四十三都皆系县学龙脉，无论在官在民，之山一切不许伐石烧灰。

——康熙三十三年（1694年）二月

来源：(清)吴鹗等纂修，《婺源县志》卷一《疆域一·图考·十九、二十、二十一、二十二》，清光绪九年（1883年），国家图书馆藏

二　基于史料的乡土景观解释

族谱中的严田

严田村变迁

变迁的脚步

上严田、下严田、儒家湾均由各氏望族因躲避战乱迁居而形成。上严田始迁祖李德鸾之李氏为"江南望族"❶，上严田朱氏来自"紫阳望族"❷。

唐末黄巢乱，彼时歙县篁墩易名为"黄墩"，兵不犯故，各士族纷纷避地于此。关于严田李氏，史料记载："唐末黄巢之乱，昭王季子京公避地于歙之黄墩，再徙浮之界田，有子曰仲皋，生德鹏、德鸾、德鸿。鹏迁祁之敷田，鸾迁婺之严田，鸿守故土界田……而德鸾一支尤为杰出。"❸亦是李氏受黄巢之乱的影响，自李京始，三迁而来，由李德鸾于964年定居严田（今上严田）。其子鹏举于宋真宗年间（998—1022年）"以子姓繁衍，乃更卜下宅而居之"❹，分居下严田。严田李氏宗谱中绘有"儒家安基图"，可推测儒家湾亦是严田李氏一脉。

现仅存的一卷严溪朱氏族谱未描述朱氏迁居史。据藏谱人介绍，朱氏祖先因黄巢乱，从南京迁至歙县篁墩，从篁墩迁婺源香田村（上饶市婺源县蚺城街道香田村），后由一世祖灿公于元世祖十六年（1279年）迁至严田。

——《严田李氏宗谱》卷首

---

❶ （清）李联等纂修，《星源严田李氏宗谱十九卷首一卷》卷之首《严田李氏会修谱序》，清乾隆十四年（1749年），上海图书馆藏。

❷ （清）朱汝霖纂修，《严溪朱氏族谱》卷首《新序·一·续修族谱新序》，清同治六年（1867年），婺源县赋春镇严田村朱氏后人藏。

❸ （清）李联等纂修，《星源严田李氏宗谱十九卷首一卷》卷之首《严田李氏会修谱序》，清乾隆十四年（1749年），上海图书馆藏。

❹ （清）李振苏纂修，《星江严田李氏八修宗谱十六卷首一卷》卷一《家传·四》，清道光二十六年（1846年），国家图书馆藏。

严田李氏八修谱序

来源：（清）李振苏等纂修，《星江严田李氏八修宗谱十六卷首一卷》卷首《新序·一、二》，清道光二十六年（1846年），国家图书馆藏

基于李氏族谱的严田舆图分析

底图来源：（清）李振苏纂修，《星江严田李氏八修宗谱十六卷首一卷》卷十六《上宅基图》，清道光二十六年（1846年），国家图书馆藏

历史发展

【唐代】

李京之父因避巢寇之乱,迁居黄墩,后于后梁开平时移至浮梁界田,在此开始扩展基业,修建房屋。

详细信息:

李氏族谱记载生于唐代祖先共3人
① 迁居:2次。自京之父避巢寇之乱,迁居黄墩;卜得乾九二见田吉,遂迁浮梁界田。
② 出仕:记载3人,其中2人出仕。
③ 建宅:记载1次。扩基业,广栋宇,隐迹浮东,家居穆如也。

李氏迁居史料
来源:(清)李振苏等纂修,《星江严田李氏八修宗谱十六卷首一卷》卷首《历届旧序·三》,清道光二十六年(1846年),国家图书馆藏

【宋代】

• 简介

李德鸾考虑到人口增加，想寻找长久居所，相传因见到龙之吉兆，迁至婺源严田，隐居于此地。

族谱记载中，宋代李氏家族多人从仕；田产、资产丰厚，修筑民宅多为晚年隐居之所，祖先郁晚岁筑围时菊以逸自况，义宗从仕结束后回乡建宅于中市司户巷，栋宇恢弘雄丽。当时也建设了许多公共建筑，如桥梁、池、亭、书塾书院、禅刹道观等。"自德鸾公始迁之余，创立九观十三寺……凡远近寺观以灵名者，皆我李氏之世业也。"宋代时，严田重视教育，凿池构亭以为士大夫雅适之所，做醒心亭以为时贤讲论之所，有志之士捐钱资助先儒学建基。

• 轶事

宋代时，李氏家族在严田置田建宅，多人出仕，家族兴旺，蔚然于地方。但在宋后期，族人接连遭人陷害。据记载，宋淳祐壬寅夏时，松被人诽谤妄议朝政，毁谤大臣，有牢狱之灾，后松为保家族平安，外出经商，成为了严田经商第一人。后有清老与义宗被汪氏一族所胁。清老资产丰盛，名声赫赫，汪氏却仗势欺人，拘捕清老，将其金银财贿罗掘一空。义宗的父亲被汪族所害，为救父义宗倍尝艰苦，当把父亲救出牢狱时，家财也已散尽。

（清）李振苏等纂修，《星江严田李氏八修宗谱十六卷首一卷》，清道光二十六年（1846年），国家图书馆藏

详细信息：

李氏族谱记载生于宋代祖先共29人

① 迁居：1人迁居，1人迁上饶北乡南山（卷一·十七）。

② 出仕：出仕13人，举人及以上12人，赐官及追赠5人。

③ 务农：记载田产8次，宋雍熙年间《富甲乡里》（卷一·三），宋靖康年间《富甲郡邑》（卷一·九）。

④ 经商：1人经商。为木商，于信州至上饶，北乡南山下，喜其山水俊秀，地多树木，遂寓居于此（卷一·十七）。

⑤ 建宅：建宅7人，北宋建宅多为晚年隐居之所。

⑥ 建设公共建筑，如桥梁（卷一·四），池亭：明德亭槲、醒心亭（卷一·四），书塾（卷一·四）禅刹，（卷一·四），书院（卷一·九），道观（卷一·九）。

⑦ 重视教育，宣扬美德：《人谓公广先世之德，而致之诚本论也，岂仅家法严肃，子姓循谨，为有所培植哉》（卷一·三）。

【元代】

• 简介

元代时，李氏一族依然定居于严田，因义不仕元，出仕仅为1人。据记载，有公宁愿隐居也不去做官谋取利禄，还有公为保清白不愿出仕。时值战乱频发，家族基业发展不如前代，多人历经战乱，流难颠沛。

• 轶事

元代时局动荡，严田一地乡里恶少自相屠戮，族谱有记，李氏中宗义见此甚感悲慨，愤然投了山寨，成为所谓的"匪"，来保障宗族乡邻的安全，后来他的儿子还遭强横杀害。祐祖也在乡中群奸蜂起时，勇敢担负起首领之责，捍卫乡里土地，保护族人安全。

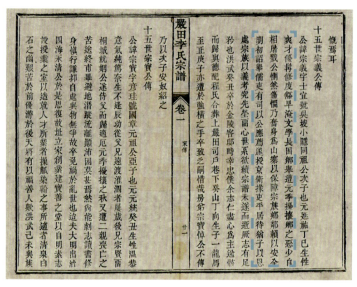

乱世中宗义公保卫宗族乡邻安全
来源：（清）李振苏等纂修，《星江严田李氏八修宗谱十六卷首一卷》卷一《家传·廿一·十五世宗义公传》，清道光二十六年（1846年），国家图书馆藏

详细信息：

李氏族谱记载生于元代祖先共9人

① 迁居：2人迁居。1人迁桐城（卷一·二十），1人迁二十一都（卷一·二十）。

② 出仕：出仕1人，其中义不仕元、不慕利禄者2人。

③ 务农：记载田产2次。祐祖，中年拼室中峰，增置产业（卷一·廿二），骥奴于是兴栋宇，广土田，产税遂倍（卷一·廿三）。

④ 经商：1人经商。幼年遂有掷笔从商之志……公平故经营贸易，家日兴隆（卷一·廿三）。

⑤ 建宅：提及建宅3次，多为旧址上复建。

⑥ 建设公共建筑：提及3次，都为修建寺庙。

⑦ 战乱动荡：6人经历战乱

（清）李振苏等纂修，《星江严田李氏八修宗谱十六卷首一卷》，清道光二十六年（1846年），国家图书馆藏

【明代】

• 简介

李氏一族重视教育，坚持让子孙后代勤奋治学，但科举考试的成绩不佳。务农方式变多，族谱记载明宣德年间李氏族人开拓茶园。家宅方面，人们不忘修建故居，一些被毁坏或抢占的房屋也得以修复和归还。这一时期，耆老这一身份开始多见于族谱中，成为乡里解决纠纷的重要角色。同时，明代的从商人数相比之前增多，有人以此为志向，致富一方，且商人赚钱回乡后兴建公共设施，建设家园。

• 轶事

据族谱记载，明嘉靖时，当地人文环境大不如前，多人读书未得佳果。公克潜，七次去参加院试，都名落孙山；慎佐屡次参加考试都未取得好成绩，后来便放弃了诗书之学，游历江湖，成为商人；公节藻不得志于院试，有人劝其父亲为他买个国学生位置，其父亲拒绝，认为这不是他的志向所在。

详细信息：

李氏族谱记载生于明代祖先共21人

① 出仕：8人曾参与考试，仅2人考取了功名。
② 务农：记载6人，发展多种农业经济。
③ 从商：记载3人，经营有道，发家致富。
④ 移居或修故宅：记载4次，其中移居2次，旧址上修建故宅2次。
⑤ 耆老和一乡推崇者：记载6人，地位凸显，解决乡里纠纷。
⑥ 兴建公共设施：记载4人，修建私塾、赚钱回乡资助盖亭、造祖祠、建桥梁，修道路。
⑦ 乡人考取功名不成，回乡办学：记载1人。
⑧ 祖坟保护和祖业收回：记载1人，"江西灵应观久为土豪所侵夺，嘉靖壬寅族议欲复之"（卷二一·三八）。

（清）李振苏等纂修，《星江严田李氏八修宗谱十六卷首一卷》，清道光二十六年（1846年），国家图书馆藏

县治学宫来龙总图
（清）黄应昀、朱元理等纂修，《婺源县志》卷之一《图考·十二—十三》，清道光六年（1826年），国家图书馆藏

【清代】

• 简介

人文环境并未兴盛，出仕不顺仍是大的基调，多人的考试生涯不顺，有公早年学业佳，但因为家道艰难，不得已弃儒而遍历农工商贾。还有公早年丧亲，孤苦伶仃，有心学却未有机会。虽仕途不利于此方，但清代严田经商成风，家境贫寒之人多为谋生存走上商路，后取得佳绩，致富一方。这些商人赚钱归乡，大兴公共设施建设，修建祠堂、亭、桥、路，厘正祀典。同时，李氏族人重视族谱修订，不避艰难保护祖坟和家族基业。

详细信息：

李氏族谱记载生于清代祖先共24人

① 迁居：2人迁居。始由余村迁弓村，癸巳迁回（卷二）。

② 出仕：记载考学情况有7处，出仕1人，1人考学有果，其他仕途皆不顺。

③ 务农：记载田产3次。

④ 经商：记载9人经商。多为家世贫寒，通过经商改善致富。

⑤ 建宅：建宅3人。故家道日隆置田畴营堂构（卷二）。

⑥ 建设公共建筑：记载有7次。即创建祠宇，沿修村路，建宅公自隆置田畴营堂构（卷二）。

⑦ 修族谱：记载2次。合族修谱，翁笃于本源，不避怨，不辞劳，以劳搜而远绍（卷二）。

⑧ 保护祖坟：记载4次。

（清）李振苏等纂修，《星江严田李氏八修宗谱十六卷首一卷》，清道光二十六年（1846年），国家图书馆藏

严田乡民建造与修缮公共景观

类型	举措	来源
乡民入仕后修建公共景观	鹏举公入仕后建书塾崇义方之训、造禅刹守先祖之茔、修醒心亭供时贤讲论	卷一《家传·四》
	将公入仕后凿池塘、修桂湖、建青萝精舍，题青萝印月，建明德亭榭	卷一《家传·五》
	知己公入仕后创建重兴寺及石顶吟亭	卷一《家传·十》
	懦宗公任婺州司户，修建大道，至今称为司户巷	卷一《家传·十七》
乡民舍己为公，修建公共景观	士相公建吊桥便行客，拚义社以厚比邻，凿池构亭为士大夫之所	卷一《家传·四》
	郁公设茶亭造桥路、修复老氏之宫，捐田、塘、房以供清祀	卷二《家传·九》
	位彰公自卖家产创建祠堂、修村路	卷一《家传·三一》
	宗义公建宝善堂以自明素志，设授业之室造就人才	卷一《家传·廿一》
历代人共建景观	醒心亭为多人所成，鼻祖所创，字高公充构之，彦远彦和二公增饰之，朱文公父韦斋先生所记	卷一《家传·五九》
	曾同公倡首复建重兴寺	卷一《家传·廿五》

- 轶事

清代时，严田的发展与和商贾之路的联系分不开。多人通过经商，家境从衰败走向富裕，归乡建设村庄。族谱中有记，公文焰游楚蜀多地，遍涉江湘湖海，回乡后设芸馆，自给自足的同时筑亭供人休憩。初健公不仅经商有道，还善文，与长兄共建祠堂，还将祠前窄地作球场之用，也可用来追思。公还厘正祀典，对境内的庙宇、桥梁、道路、水塌，都尽心经营，展礼乐之美。

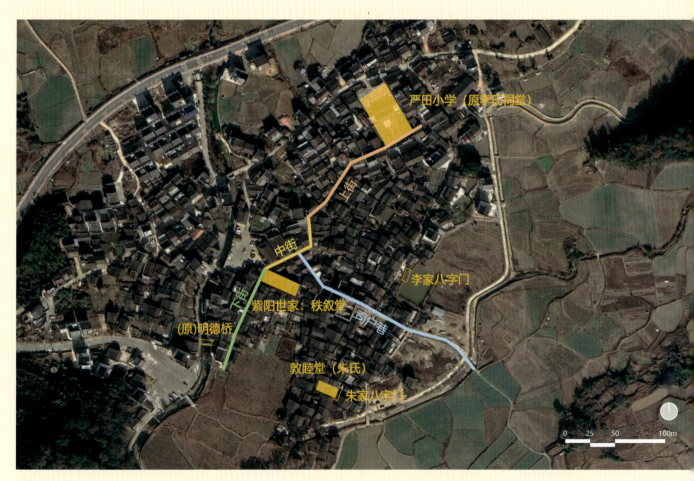

古代现存遗迹展示图

王村

王村之王姓，系南宋时从武口王村迁居而来，后部分王氏因人烟稠密，迁往严溪居住。王村不傍溪河，用水主要靠以祠堂为中心的完善的塘—圳—井系统。

迁居：槐溪王氏祖居之所聚也，人烟稠密，有志恢宏者多分住于严溪。
——《应爆公传》

公共设施：里中至严田隔一小溪，素有石桥，日久未免倾圮，公同族人输金而重建焉。
——《大沧公暨德配施孺人传》

从商：皇木官某与之同木筏，见而奇之，即代贷重资俾之，自为经营，信义所孚人皆悦服，不数年间遂大赢余，凡为木商于吴头楚尾者无不知有公……
——《大沧公暨德配施孺人传》

修坟：历代祖墓岁久不无倾圮，君率族人悉修葺之，当用石者砌之以石，当用土者培之以土，祖灵以妥而孙子之瞻拜者亦于是心。
——《良炜公暨德配李孺人传》

山西太原 — 王仲舒 客游江南而居（时间不详）

↓

安徽宣州（时间不详）

↓

安徽黄墩 — 参军公避黄巢之乱选址（大唐广明庚子年（880年））

↓

江西婺源武口（时间不详，分支）

↓

婺源槐溪（王村）

——《武口王氏族谱》卷之六

王村迁居史料记录
来源：（清）李振苏等纂修，《槐溪王氏支谱六卷首一卷》，清咸丰六年（1856年），木活字本，国家图书馆藏

乾隆庚子严田王村会修统谱序

唐以前族谱修於上唐以後族谱之修盖可以忽乎哉武口王氏為星江著姓我族自第七世涓公始避水東第九世孝廸公繼遷甲路十六世祠祖公復遷嚴田十七世荊州尉千七公卜宅定柘本里王村由嚴田王村而上遡武口已閱四遷而秦軍公之餘灃固未艾也特念荊州公之子映一公映二公而上聲華顯赫代有偉人嗣是恪守家法世有隱德而勤儉賢模悉以逸安為念未克增佑歎之光天殆資其醞釀俾史册中人寧徒切水源木本之思耶兹因武口會修統譜爰重倫偉詩書之澤歷久彌光將今日家乘中人亦可為他日人之身今當以百千人之心曲體一人之心敬宗收族致本積之厚而流之長耶竊惟荆州公以一人之身薈衍及百千人之身老命鎬彙稿送局且述其意以與吾族共勉之遂援筆而弁諸簡端

首

大清乾隆四十五年庚子秋月三十五世孫在鎬百拜識

槐溪王氏支譜 卷之首

一九 世賢堂

王氏族谱提到的对水口的修缮：
"村基水口一方以形家论之，似稍低陷，前人曾立二庙以障蔽之，而未克周全。均为手创建书屋，并建余屋土地祠，以壮瞻观。水口完密，而人文亦因之丕振，严田创造宗祠费有不资，君协谋于众，共襄善举，俾克有成。"

王村村基图
（清）李振苏等纂修，《槐溪王氏支谱六卷首一卷》，清咸丰六年（1856年），木活字本，国家图书馆藏

巡检司

- 简介

巡检司为中国元、明、清三代县级衙门下的基层组织。该组织于元朝首创时，通常为管辖人烟稀少地方的非常设组织，既无行政裁量权，也无常设主管官，功能以军事为主。明朝依例沿用，但佐以行政权力。到了晚清，中国人口大增，而相对的县衙并未增多，于是"次县级"的巡检司在数量与功能上日渐增多，也设有通判等官职。严田巡检司创设于明嘉靖四十三年（1564年），有弓兵30名，万历八年（1580年）撤，前后仅历17年，但其作为村名，则一直沿用至今。

始为胡姓建村，因县曾在此设巡检司，故名。胡姓衰后，明嘉靖年间（1522—1566年）邑内坑头潘姓迁入，大约在明代从龙山坑头迁居而来。巡检司无潘姓祠堂，旧时每年清明，此地潘姓均去坑头"永思堂"祭祖。旧时，村边庙宇有西家汰庙、上湾寺等。现存的古石桥有上石桥（义成桥）、下石桥（汇秀桥）。该村东接上严田村，南靠中云镇坑头村，西邻下严田村。

严田村秉承的价值观

"亢宗"思想,传承、排外

宗族本一家至亲不甚疏远,故范文正公置义田以睦宗族。

——《王氏·家范十条》

莫为之前美而弗彰之,莫为之后盛而弗传后人。

——《李氏·历代编谱源流·一》

重视家庭和睦与孝道

为子者必以孝顺奉亲,为父者必以慈祥教子,为兄弟者必以友爱笃手足之情……

——《王氏·宗规十六条》

……忽悟古之孝子有以人肉药亲疾者,于是引刀自刲其股糜羹和药饵进之,翼日而病遂瘳……至诚感神之道也。

——《王氏·忠楷公传》

热爱山水

至积庆公遭时不遇,潜隐而爱林泉之趣,登西里见层崖耸峭,碧水潆洄,顾而乐之,遂家焉。自是而采于山美,可茹钓于水鲜……

——《李氏·历届旧序·十六》

崇富崇官的传统

挟富贵者坐不肯为居，贫贱者又不能为此谱，之所以不作也。

——《李氏·明洪武甲子二修族谱序》

节俭勤劳，中庸思想

节财用，理财之道，入之无数不如出之有节，苟能节用，则所入虽少亦自不至空乏。……凡土木之事，不得已而后作……

——《王氏·家范十条》

祭祀……是日祖众偕，临祭毕散胙，礼筵不得过奢，亦毋太俭，惟在持久不废。

——《王氏·家礼》

不为奴的民族气节

勿为奴隶以辱先也。

——《李氏·先贤谱论·三》

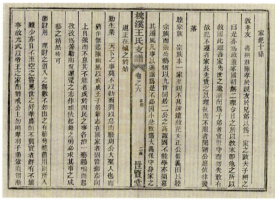

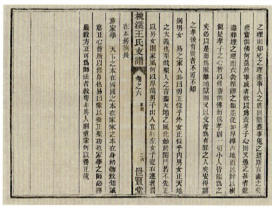

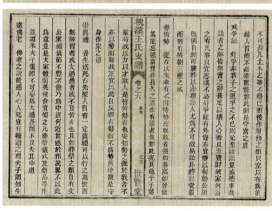

《王氏·家范十条》
来源：（清）李振苏等纂修，《槐溪王氏支谱六卷首一卷》，清咸丰六年（1856年），木活字本，国家图书馆藏；
（清）李振苏等纂修，《星江严田李氏八修宗谱十六卷首一卷》，清道光二十六年（1846年），国家图书馆藏

对乡土景观的解释不仅可以从前科学时代的视角进行理解
还可以用当代科学进行地理空间层面的深度分析
为乡土景观解释提供更丰富的维度

严田村1969年、2019年卫星图
来源：美国地质勘探局（United States Geological Survey，简称USGS），Earth Explorer，Google Earth

三 基于地理空间信息的乡土景观解释
——景观服务、景观变化及驱动因素分析

现有的景观演变分析大多聚焦于土地覆盖的变化及其驱动因子（Gerecke et al., 2019; Pazúr et al., 2017; Rafaai et al., 2020），较少关注景观肌理；对景观肌理（如田块的形态和边缘）的研究则更多地关注景观演变带来的服务（šálek et al., 2018; Weissteiner et al., 2016; Li et al., 2018），而非其作用机制；更早的研究则以全局的景观指标为分析对象，虽然囊括了土地覆盖和景观肌理，但无法做到空间显式的分析。近年来，一些学者分析了平原地区景观形态变化的驱动机制（Jiang et al., 2021），但缺乏对肌理的讨论，且对盆地地区的研究比较匮乏。

本部分以1969—2019年的卫星图、遥感图、土地覆盖情况为资料探究了严田村的景观演变特征及驱动因素，系统性地构建了景观演变的三层框架，即"景观服务—景观变化—驱动因素"，从整体到部分，逐步深入。景观服务形成了对该地区景观的总体评价，可从宏观的总体演变—中观的土地覆盖—微观的景观肌理三个尺度刻画景观变化，从时间和空间两方面探究景观演变动力。在完善的体系的支持下，本节通过"随机森林"算法预测了2030年严田村的景观格局。

研究框架

```
                                    宏观：总体演变
                                          ↓
                              • 各要素面积及占比
                              • 斑块数量
                              • 斑块密度
                              • 斑块面积平均值
```

- 时间
  - 1969 年
  - 2007 年
  - 2015 年
  - 2019 年

- 景观演变动力

- 空间
  - 高程
  - 坡度
  - 坡向
  - 到村落的距离
  - 到水体的距离
  - 到林地的距离
  - 到路网的距离
  - ……

- 林地斑块密度增大，斑块数量增多，斑块平均面积较小，破碎度增加。
- 农田 2007—2015 年总体面积减小，但斑块平均面积增加，趋于整合。2006 年，随着建设高质量农田、新建机耕道，农田破碎度增加。
- 建筑总体面积增加，但斑块平均面积减小，趋于离散。

```
                              景观变化
        ┌─────────────────────────┴──────────────────────────┐
        中观：土地覆盖                                          微观：景观肌理
```

- 散布并列指数
- 连通性
- 香农多样性指数（Shannon's Diversity Index，简称 SHDI）
- 香农均度指数（Shannon's Evenness Index，简称 SHEI）
- 土地覆盖变化数

- 景观形状指数
- 聚集性指数
- 农田田块矩形相似度、面积及边缘密度的变化
- 新建建筑及路网的形态肌理

- 2007—2019 年，最大的变化为连续农田变为连续林地，几乎全部离散农田均演变为连续林地的一部分。
- 蔓延度指数（Contagion Index，简称CONTAG）总体上升，连通性略有提升。散布与并列指数（Interspersion Juxtaposition Index，简称IJI）显著提升，不同斑块类型之间的邻接性升高。
- 香农多样性指数和香农均度指数均略微下降，各类型景观要素分布越来越不均衡，森林的优势度升高。
- 森林和农田的 IJI 升高，说明与其他要素的联系增强。农田与林地联系减少，农业生产技术的提高和旅游业的发展使农民不必再"向山争田"。
- 因修建公路，建筑不断向公路靠近，1969—2015 年 IJI 下降；近年来部分零散建筑建于山脚，IJI 回升。

- 公路成为森林与其他要素的分界线，1969—2015 年景观形状指数（Landscape Shape Index，简称 LSI）下降，边缘更规则化；2015—2019 年零散建筑建于山脚，LSI 回升。
- 农田 LSI 整体下降，逐渐规则；近年来聚集度指数（Aggregation Index，简称 AI）上升。
- 建筑 LSI 提高，边缘不规则化，可能是宗族力量式微，对建筑的统领作用减弱。
- 小面积田块越来越多，且田块面积越来越相近；边缘密度高的田块越来越多；田块越来越接近矩形。

- 海拔越高、坡度越大、到建成区的距离越近，林地越有可能发生演变。
- 海拔越高、坡度越大、距建成区越近、距水系越近，农田越有可能发生演变。

- 对田块面积演化影响最大的因素分别是到水系的距离、海拔、到建成区的距离、到路网的距离、坡度。
- 田块形状和边缘密度的演化有同样的规律。
- 与土地覆盖演变机制不同，田块面积受到林地距离影响较小，受到路网的距离和到水系的距离影响较大。

严田村1969—2019年卫星图

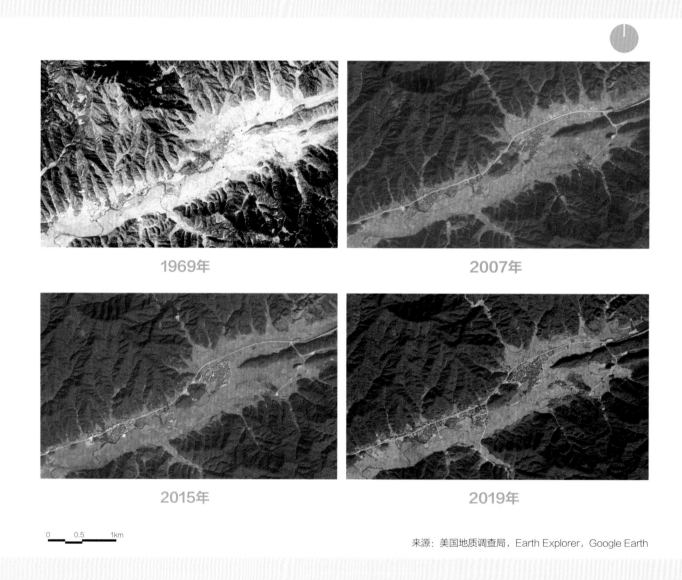

1969年

2007年

2015年

2019年

来源：美国地质调查局，Earth Explorer，Google Earth

1969—2019年严田村土地覆盖变化图

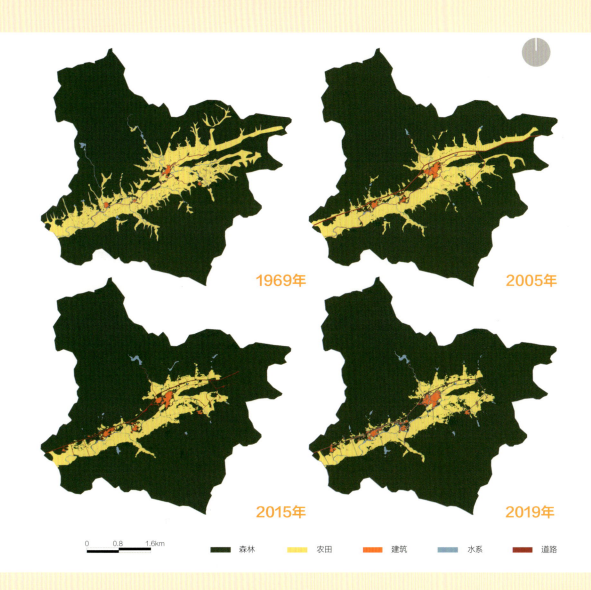

三 基于地理空间信息的乡土景观解释

景观服务（生态系统服务）评价

评价方法

生态系统服务价值评估，即计算每个生态区域的生态系统服务价值，参考科斯坦萨等的生态系统服务价值评估模型（Costanza et al., 1997）：

$$ESV = \sum (A_k \times VC_k)$$

其中，ESV为生态系统服务总值，A_k和VC_k分别为"k"型代理生物群落的面积和价值系数。在大多数情况下，代理生物群落通常与土地利用和土地覆盖类型不完全匹配（Kreuter et al., 2001）。谢高地等修订了科斯坦萨等的生态系统服务评估模型，并将中国陆地系统的生态系统服务价值分为9类（谢高地 等，2003）。谢高地等修正后的生态系统服务价值评估模型涉及中国 7 种主要的土地利用和土地覆盖类型，包括建筑、森林、农田、水体、草地、湿地和沙漠（谢高地 等，2003）。鉴于研究区不存在草地、湿地和沙漠，本研究使用了下表列出的其他类别的调整值系数。

土地利用/覆盖类型的生态系统服务价值评估系数/（元/hm²）

	建成区	森林	水体	农田
空气调节	0	3097	0	885
气候调节	0	2389.1	407	1575.2
水源涵养	0	2831.5	118033.2	1062.1
土壤形成与保护	0	3450.9	8.8	2584
废物处理	0	1159.2	16086.6	2902.7
生物多样性保护	0	2884.6	2203.3	1256.4
食物生产	0	88.5	88.5	1770
原材料供应	0	2300.6	8.8	177.2
游憩和文化	0	1132.6	3840.2	18.6

图表来源：SU S, XIAO R, JIANG Z, et al., 2012. Characterizing landscape pattern and ecosystem service value changes for urbanization impacts at an eco-regional scale. Applied geography, 34, 295-305.

各项评价结果

单位：万元

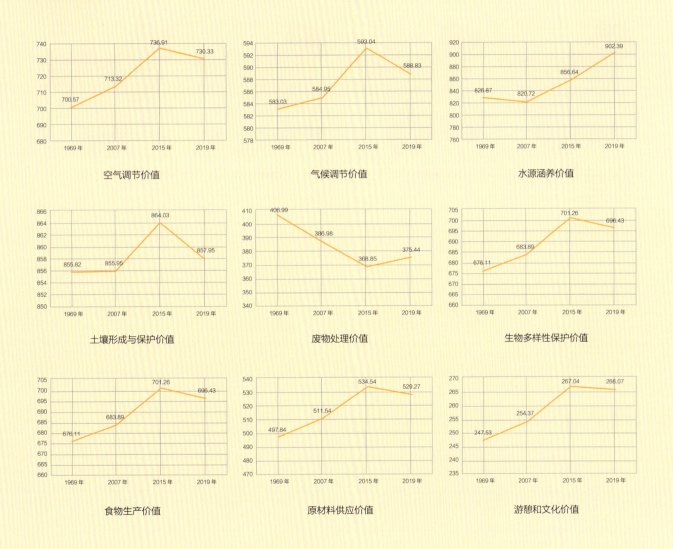

三 基于地理空间信息的乡土景观解释 | 041

评价方法

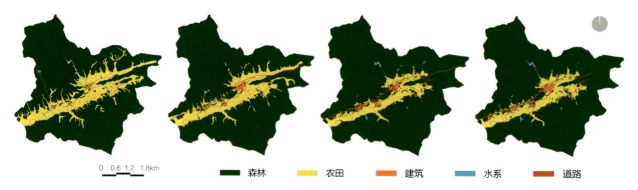

严田村景观格局演化图（1969—2019年）

森林　农田　建筑　水系　道路

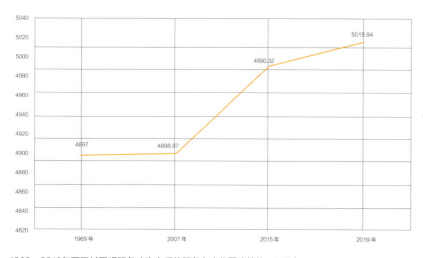

1969—2019年严田村景观服务（生态系统服务）变化图（单位：万元）

1969—2019年，生态系统服务价值处于整体上升阶段。增长率有所减缓：0.052 万元/年（1969—2007年）—11.41万元/年（2007—2015年）—6.405 万元/年（2015—2019年）

2015—2019年全村村集体收入（单位：万元）

2015—2019年户籍人口（单位：人）

2015—2019年实际经营的耕地面积（单位：亩）

提供食品供给、文化游憩服务的巡检司村油菜花田

景观演变特征

宏观——总体演变及各景观要素的变化

宏观层面的分析包括各景观要素面积及比例变化,斑块的数量、密度、平均面积的变化等。

景观要素面积及比例

- 林地:1969—2015年面积显著增加,近年来又有所下降,可能与建筑、道路的建设有关。
- 农田:1969—2019年面积显著减少,可能与采取退耕还林措施以及农业生产技术提升有关。近年来,农田面积略有回升,废弃农田得到重新利用。
- 建筑、道路:面积显著增加。
- 水系:近年来因水库建设,水系总面积增加。

严田村逐渐趋近婺源典型的"八分半山一分田,半分水路和庄园"的特征。

1969—2019年各景观要素面积变化(单位:hm^2)

年份	要素					
	水系	道路	林地	农田	建筑	总计
1969年	14.78	3.17	2127.64	470.52	7.60	2623.71
2007年	13.46	16.65	2194.02	382.38	17.20	2623.71
2015年	14.92	17.47	2302.74	268.42	20.16	2623.71
2019年	19.29	18.88	2279.22	276.29	30.03	2623.71

1969—2019年各景观要素面积占比变化

年份	要素			
	林地	农田	水系	建筑与道路
1969年	81.1%	17.9%	0.6%	0.4%
2007年	83.6%	14.6%	0.5%	1.3%
2015年	87.8%	10.2%	0.6%	1.4%
2019年	86.9%	10.5%	0.7%	1.9%

1969—2019年严田村林地面积变化图

1969—2019年严田村农田面积变化图

1969—2019年严田村水系面积变化图

1969—2019年严田村道路及建筑面积变化图

斑块特征

- 斑块密度（Patch Density，简称PD）：反映了景观的分割和异质性。PD越高，分割程度和空间异质性越高，景观越碎片化。
- 斑块数量（Number of Patches，简称NP）：NP越大，平均斑块面积（Mean Patch Size，简称MPS）越小，碎片化程度越高。

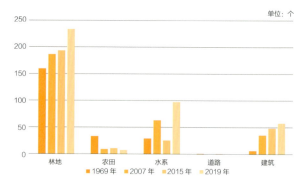

1969—2019年各景观要素斑块数量变化图

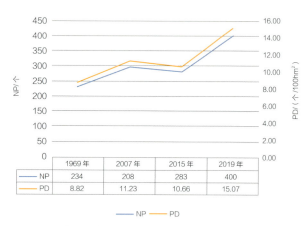

1969—2019年严田村景观斑块数量及密度变化图

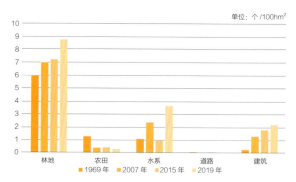

1969—2019年各景观要素斑块密度变化图

- 林地：森林是斑块数最多的景观元素，占总斑块数的50%以上。1969—2019年，斑块数和斑块密度显著增加，但斑块面积平均值总体减小，空间异质性增强。
- 农田：与1969年相比，近15年的斑块数量、密度以及斑块面积的平均值显著降低。2007—2019年，斑块面积平均值有所提升，趋于整合，零散的农田减少。
- 建筑：斑块数量与斑块密度显著上升，但斑块面积平均值下降，建筑分布趋于分散。

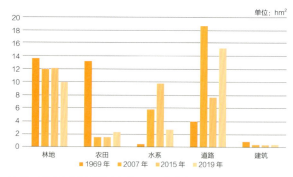

1969—2019年各景观要素斑块面积平均值变化图

中观——景观斑块间的交互

景观斑块间的交互包括土地覆盖变化、散布并列指数、蔓延度、香农多样性指数和香农均度指数的变化等。

土地覆盖变化

参考格雷克等的研究（Gerecke et al., 2019），对土地覆盖进行组团分析，以区分连片的农田、建成区、林地以及分散的田块、独栋的房屋、孤立的树木，连片与否所提供的景观服务有差异。如果某地格1格范围内（周围8格加自身，共9格）同类型土地利用格数大于等于3，则认为该格的土地覆盖是连续型。考虑到水系、路网演变机制与农田、林地、建成区不同，在分析时不考虑涉及水系、路网的变化。

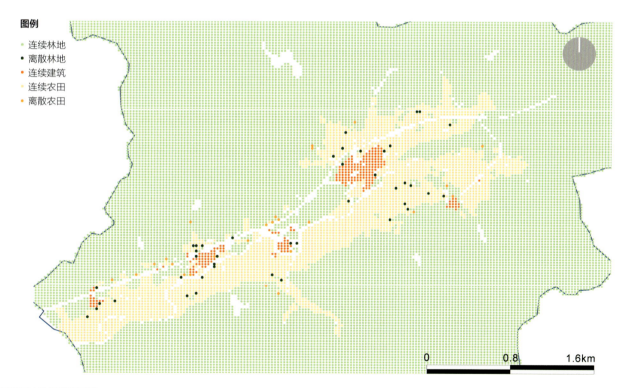

严田村土地覆盖分析图

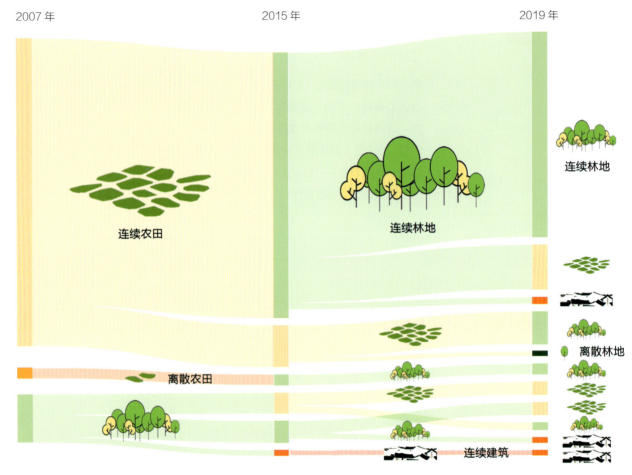

2007—2019年农田、林地、建筑土地覆盖变化示意图

图中是各类型土地覆盖的演变过程，分析时仅保留了变化数量大于等于20地格的演变，且条带相连的三种土地覆盖状态分别为同一地格在2007年、2015年、2019年的状态；最多的变化方式为一个地格从连续农田变为连续林地且保持为连续林地（927格），但有部分连续农田变为连续林地后又变回了连续农田（203格）。造成后者的原因是人眼解译卫星图存在误差。此外，还有相当部分的连续农田虽然在2015年没有变为林地，但在2019年变成了连续林地（146格）。

相关指标

- IJI：衡量与某一要素相邻的要素数量，以反映不同景观要素的空间分布关系。IJI值越高，与被测元素相邻的元素越多。反映包围与被包围的实际情况。
  如图 I 农田斑块相邻的不同类型的元素较多，IJI值较高。

- SHDI：该指标可反映景观中各斑块类型分布是否均衡，强调稀有斑块类型的贡献。在一个景观系统中，土地利用形式越丰富，破碎化程度越高，不定性的信息含量就越大，SHDI值越高。
  如图 VI 多种类型斑块共存，土地利用丰富，SHDI值较高。

I　　　　　　II　　　　　　V　　　　　　VI

- CONTAG：描述的是景观中不同斑块类型的聚集程度或延展趋势。一般来说，高蔓延度说明景观中的某种优势斑块形成了良好的连接；反之则表明景观是具有多种要素的密集格局，景观的破碎化程度较高。
  如图 III 农田斑块形成了良好的连接，CONTAG值较高。

- SHEI：该指标与优势度指标可以互相转换。SHEI值较小时优势度一般较高，可以反映出景观被一种或少数几种优势斑块所支配；SHEI趋近1时优势度低，景观中没有明显的优势类型且各斑块类型在景观中均匀分布。
  如图 VII 农田斑块占支配地位，SHEI值更接近于0。

III　　　　　　IV　　　　　　VII　　　　　　VIII

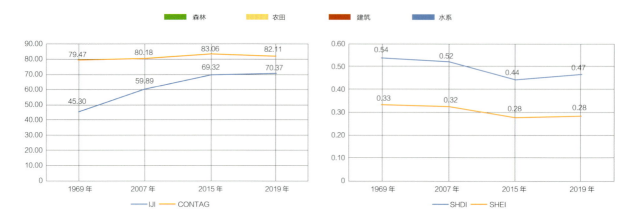

1969—2019年严田村IJI和CONTAG变化图　　　　1969—2019年严田村SHDI与SHEI变化图

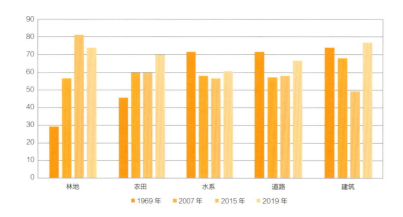

1969—2019年严田村各景观要素IJI变化图

景观格局特征

- 林地：1969年IJI较低，林地大多数仅与农田联系，与其他景观要素的联系较少。而到2019年，森林与其他4类景观要素的联系度提升，IJI提高。
- 农田：IJI总体上升。1969年，农田边缘大多与森林连接，中间包围着建筑，道路与水系贯穿其中。而到2019年，农田与其他4类景观要素的联系度提升，IJI提高。集约化农业的发展、生产技术的提高、旅游业的发展，使自然对生产的主导作用减弱，村民不必再"向山争田"。
- 建筑：IJI在1969—2015年逐渐下降，2019年又有所回升。前期下降可能与公路的修建有关，建设区域不断地向公路扩张，建筑与其他景观要素的联系减少。近年来，建筑周边的农田破碎化严重，其他景观要素得以渗透进来，部分新建筑建在了山脚下，重新建立了与林地的联系，建筑的IJI回升。

总体：可通过IJI和CONTAG进行分析。CONTAG总体上升，连通性略有提升。而IJI显著提升，说明不同斑块类型之间的邻接性升高，产生的边缘效应有助于生物多样性提高。SHDI和SHEI变化趋势相同，均略微下降。说明各类型景观要素在景观中分布越来越不均衡，森林的优势度升高。

1969 年

2007 年

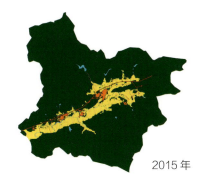

2015 年

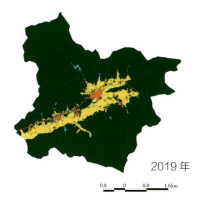

2019 年

1969—2019年景观要素变化图

微观——景观肌理

景观肌理包括总体肌理指数（景观形状指数、聚集性指数）和各景观要素肌理分析。

总体肌理指数

- LSI：描述景观斑块形状的规则程度，景观形状指数较大的斑块形状较不规则。
- AI：描述景观斑块的聚集程度，聚集指数较大的斑块更聚拢。

- 林地：1969—2015年，LSI下降，林地向规则化方向发展。随着公路的建设，逐渐形成了森林、农田与建筑的分界线。近年来，公路以北的点状建筑增加，森林边缘又向不规则化方向发展。
- 农田：LSI和AI整体呈下降趋势，说明农田在向规则化方向发展，且聚集性指数在2007—2019年稳步上升，聚集性增强。
- 建筑：相比于其他景观要素，建筑的人工性最强，LSI总体较低，形态最规则。但1969—2019年，LSI稳步上升，呈不规则化发展，可能是因为在近代，宗族力量式微，宗族文化对建筑结构的统领作用有所下降，建筑的修建不再以祠堂为中心，逐渐分散。

1969—2019年严田村各要素景观形状指数变化图

1969—2019年严田村各要素聚集性指数变化图

各景观要素肌理分析

道路肌理

严田村北侧省道"王赋线"为20世纪70年代建设,沿山麓呈西南—东北走向,向西通往赋春镇区和景德镇市,向东通往清华镇,是村民进出的快速交通道。村内巷道布局紧凑,东北—西南走向的古驿道是村内主要的慢行交通系统,新门巷、王家巷、王村巷等村中12条石板巷道呈网格状与古驿道相连,形成四通八达的路网。随着村落的建设,尤其是2006年进行了土地整理,新建了大量机耕道,严田村西北—东南走向的辅路数量逐渐增多,连接了快速交通和慢速交通系统。

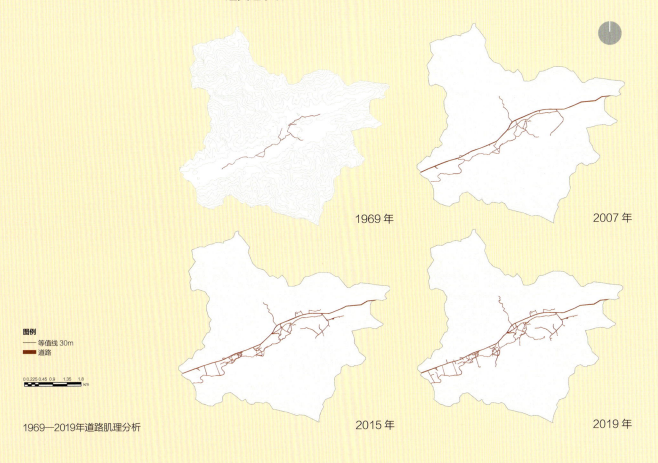

1969年　2007年

图例
—— 等值线 30m
—— 道路

0 0.225 0.45 0.9 1.35 1.8
km

1969—2019年道路肌理分析　　2015年　　2019年

三　基于地理空间信息的乡土景观解释

水系肌理

经过严田村居民世世代代对当地水资源的利用，严田村河流水系的发展呈现一定规律：除了村民们自行开挖的田间沟渠（未显示在图上），严溪的支流数量逐渐减少，但人们修建的用于蓄水的水库数量逐年增多，分布范围逐渐变广。

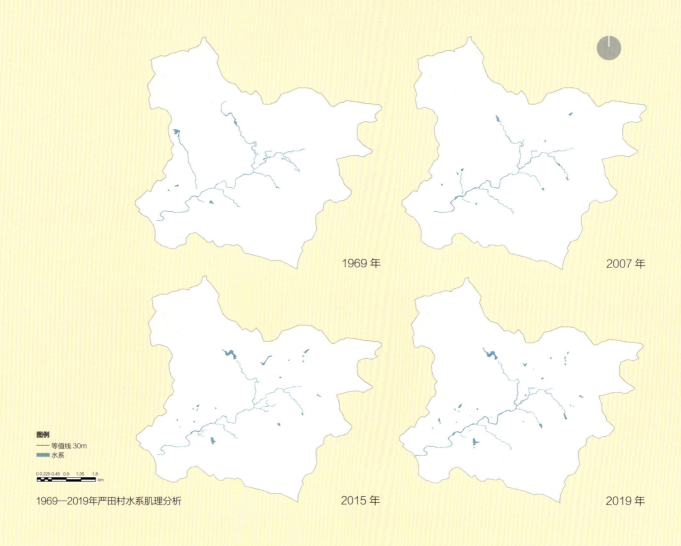

1969年　　2007年

图例
—— 等值线 30m
▇ 水系

0 0.225 0.45 0.9 1.35 1.8 km

1969—2019年严田村水系肌理分析　　2015年　　2019年

建筑肌理

严田村建筑面积整体呈现不断增加的趋势,其中,上严田在1969—2007年建筑面积增长最快,主要往西北方向拓展;下严田和巡检司主要沿公路扩展,呈现相互联系的趋势。同时,下严田以点状形式往西南方向扩张;王村的建筑面积增长较少,从图中可以明显看到,自2015年以来,仅在村子的东北方向新增了几栋零散的房屋。

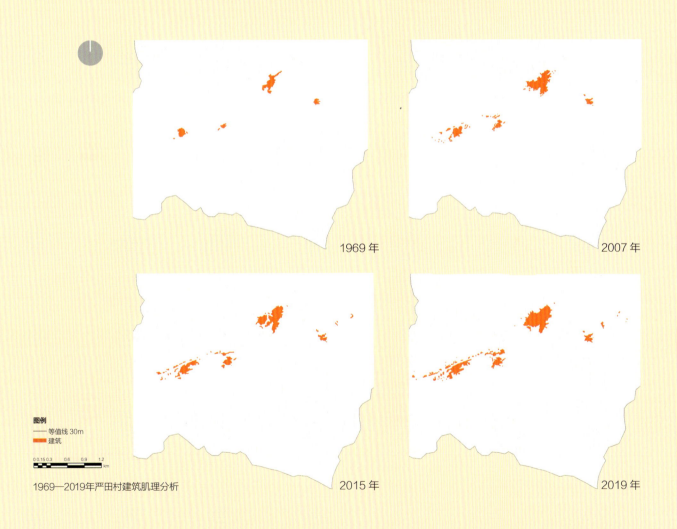

1969年   2007年

2015年   2019年

图例
—— 等值线 30m
■ 建筑
0 0.15 0.3　0.6　0.9　1.2 km

1969—2019年严田村建筑肌理分析

三 基于地理空间信息的乡土景观解释

农田肌理——田块面积变化分析

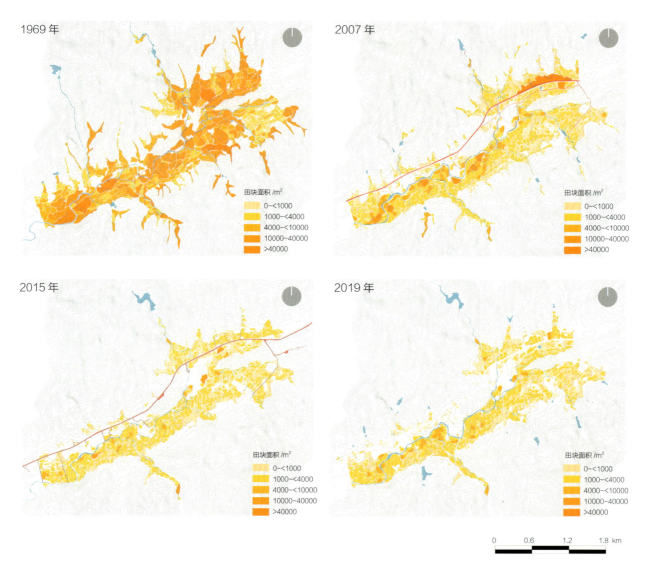

1969—2019年严田村农田田块面积变化图

农田肌理——田块边缘密度变化分析

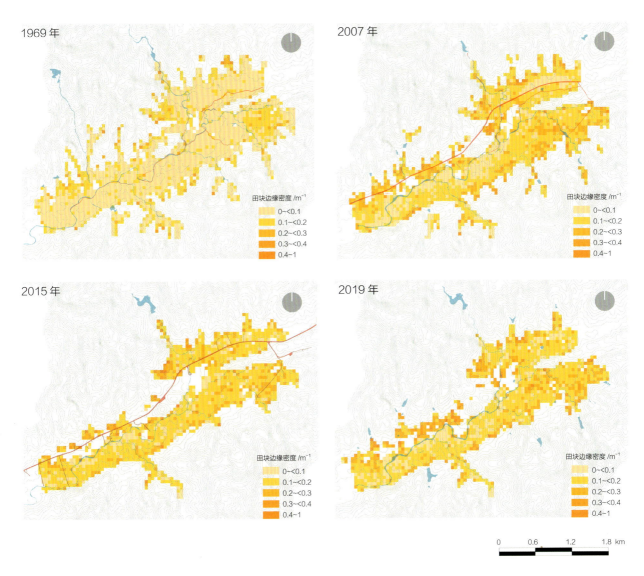

1969—2019年严田村农田田块边缘密度变化图

农田肌理——田块矩形相似度变化分析

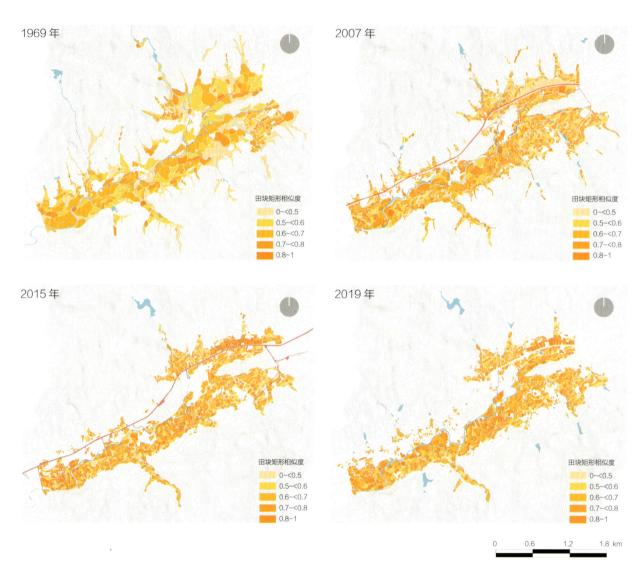

1969—2019年严田村农田田块矩形相似度变化图

农田肌理总体分析

田块面积大致服从指数分布，其概率密度曲线随年份增长逐渐左移，表示小面积的田块越来越多；且田块最大面积逐年减少，田块之间的面积越来越相近。

1969—2019 年农田田块面积分布图

田块边缘密度大致服从对数正态分布，其概率密度曲线随年份增长逐渐右移，表示边缘密度低的区域越来越少，边缘密度高的区域越来越多。

1969—2019 年农田田块边缘密度分布图

田块矩形相似度大致服从正态分布，其概率密度曲线随年份增长逐渐右移，表示接近矩形的田块越来越多，形状不规则的田块越来越少。

1969—2019 年农田田块矩形相似度分布图

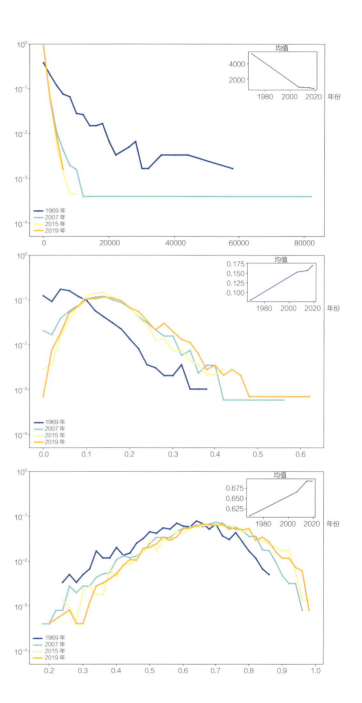

景观演变动力

自变量选择

根据已有的研究（Gerecke et al., 2019；Pazúr et al., 2017；Rafaai et al., 2020），选取了8个自变量：高程、坡度、到村落（建成区）的距离、到路网的距离、到水体的距离、到林地的距离、最邻近聚落。不选取经济水平、气候等指标是因为研究范围较小，差异不明显。

分析尺度为30m格网。高程数据为ALOS 12mDEM，使用ArcGIS基于高程计算坡度、坡向，而后聚合到30m网格，以网格内各数据点的平均值为网格的数值。分别使用建筑外轮廓、路网、水系的shp和连续林地地格作为距离参照物；其中连续林地为1格范围内数量大于等于3的林地。按地格到各村建成区的距离划分村落范围，特殊情况为，上严田沿东北公路无建成区，那些部分的地块虽然与王村的直线距离更近，但相隔一座山，因此将东北公路划归上严田。

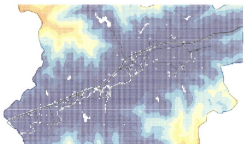

高程

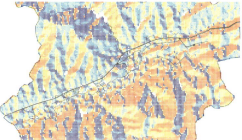

坡向

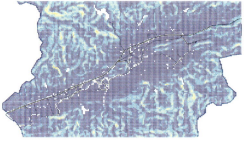

坡度

060 | 乡土景观解释学

按下图所示划定4个自然村的判别体块，根据地块与这4个体块的距离给地块赋所属村落。

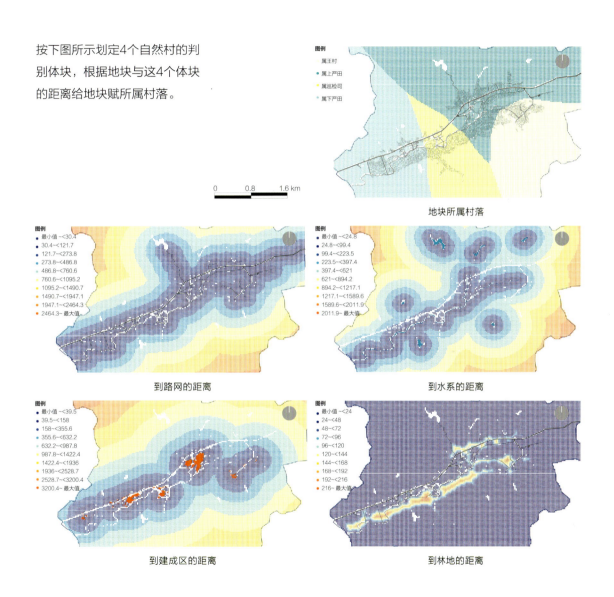

地块所属村落

到路网的距离

到水系的距离

到建成区的距离

到林地的距离

预测模型

土地覆盖预测

参考格雷克等在2019年的研究（Gerecke et al., 2019），对不同初始土地覆盖的演化分别训练模型。

- 内部准确率：第一阶段（2007—2015年）检验集准确率。
- 外部准确率：（2015—2019年）使用第一阶段巡逻的模型预测第二阶段的准确率。

模型内部准确率很高说明所选自变量几乎能完全捕捉土地覆盖演变动因，外部准确率很高说明不同时间段的演化机制是一致的。

> 林地演化受海拔、到建成区距离、到路网距离影响最大，表现为高海拔林地的保持，以及近建成区路网林地的退化。

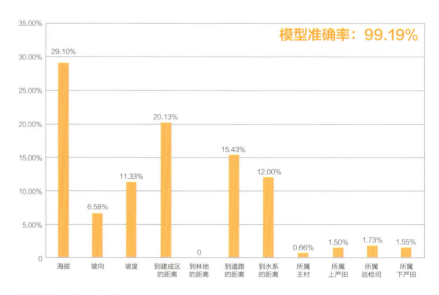

影响林地演变的变量贡献

使用2007—2015年的数据进行模型训练，对每种初始土地利用分别训练模型，2007年土地覆盖有4种，因此训练4个模型。其中离散农田和连续建成区没有变化。❶

因子贡献定义为去除因子对模型准确率的影响。由于将所属村落自变量处理成了哑变量，所属村落变成了四维变量，分别对应4个村子。在变量贡献的模型准确率方面，林地为99.19%，农田为89.11%，建成区和离散林地为100%。

> 农田演化受到林地距离、海拔、到建成区距离影响最大，表现为高海拔农田转化为林地，以及近建成区农田转化为建成区。

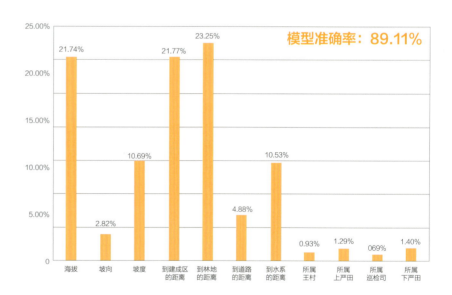

影响农田演变的变量贡献

❶ 由于进入模型的数据剔除了全局变化数量不足20的所有变化类型，因此这两项表面上没有变化，实际上是有变化的。

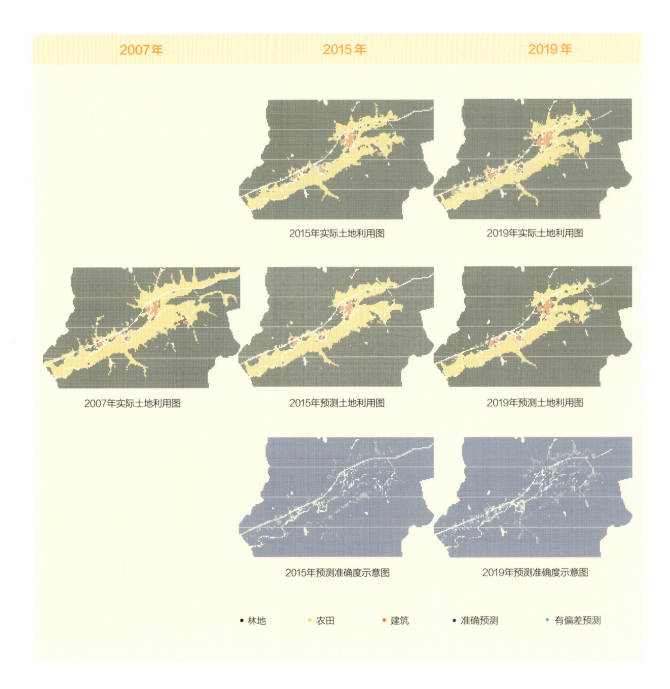

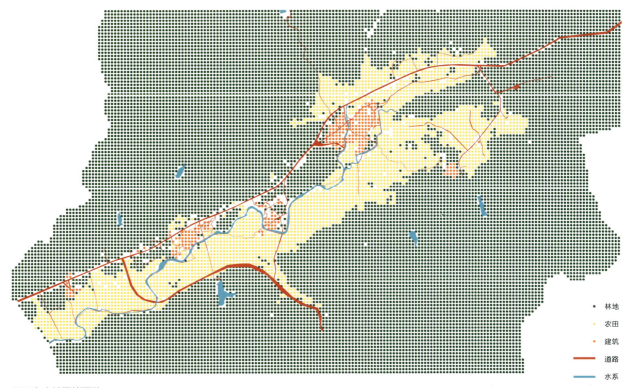

2025年土地覆盖预测

从2025年土地覆盖预测可以看出，靠近林地的高海拔农田进一步缩减，盆地中央农田没有变化。建成区面积几乎没有增长，可能是因为2007—2015年建成区面积变化本就不大，导致模型对建成区面积的增加缺乏捕捉；新建公路附近没有出现新的建成区，可能是由于与现有村落距离较远。

田块肌理预测

将田块属性赋值到50m网格，一方面是为了与边缘密度保持一致，另一方面田块本身是变化的，无法跨年份直接比较。赋值方法为与50m网格相交田块按相交面积加权，将田块属性赋给网格。由于自变量与土地覆盖相似，不再进行展示。

按照之前可视化的分段方式，给各年份的3项指标贴标签，将回归问题转化为分类问题。由于50m网格下农田样本数量较少，难以像土地覆盖模型那样对不同初始状态分模型训练，因此将变化前的指标以数值形式作为自变量输入模型，将变化后的结果以标签形式作为因变量，这样与通常的回归形式是一致的。

对于田块的边缘密度和面积，模型具有较高的内部准确率，但田块的矩形近似度拟合效果较差，可能是因为选取的因子无法完全捕捉田块形状变化的驱动因素，也可能是因为手动绘制田块的形状存在误差。

使用2007—2015年数据训练的模型对2015—2019年进行预测，计算准确率。田块边缘密度和面积模型有较高的外部准确率，矩形近似度略低，与内部准确率的情形相同。总体来说，不同时间段田块肌理演变机制具有一致性。

模型内部准确率

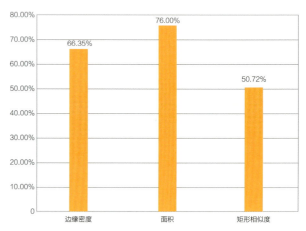

模型外部准确率

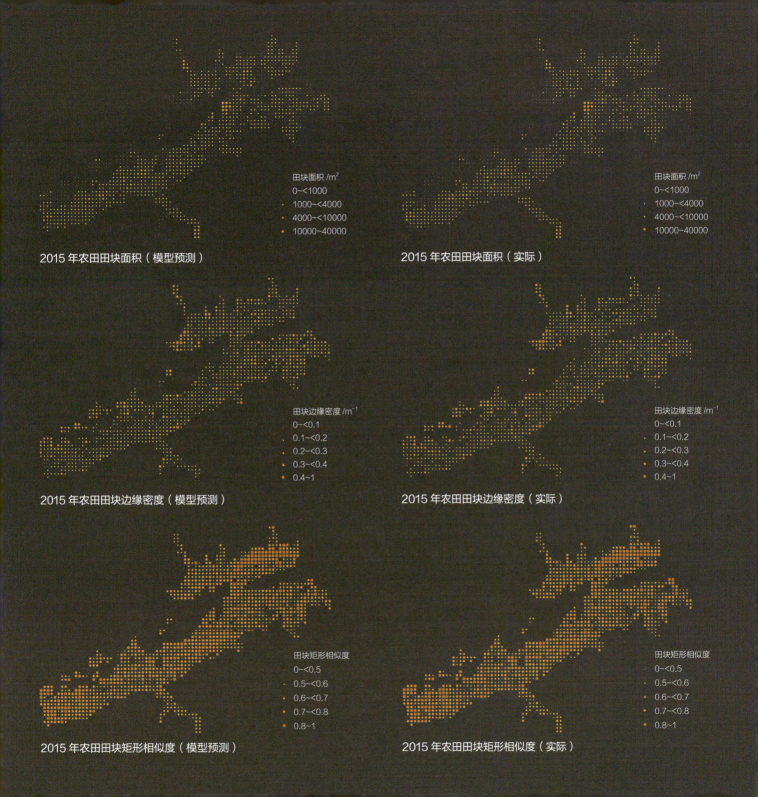

对田块面积模型的因子重要性，影响最大的是初始田块面积，此外距水系距离、海拔、距建成区距离、距路网距离、坡度的影响都较大。与土地覆盖演变机制不同，田块面积受距林地距离影响较小，而受距路网距离和距水系距离影响较大。

靠近路网水系的农田便于耕种，虽然土地覆盖变化不大，但这些高价值田块的肌理发生了改变以适应机耕生产；相反，靠近林地的田块虽然土地覆盖有更大的可能性发生改变，但只要继续作为农田则肌理就很少发生改变。这反映了土地覆盖和景观肌理变化机制的差异。

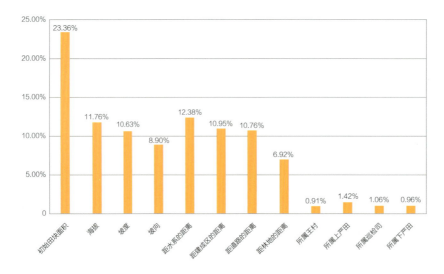

农田田块面积因子重要性

右图中，"农田田块边缘密度因子重要性"和"农田田块矩形近似度因子重要性"呈现与田块面积模型相同的特征。边缘密度与田块面积是呈负相关的，因此，虽然两者因子贡献相似，但作用相反。

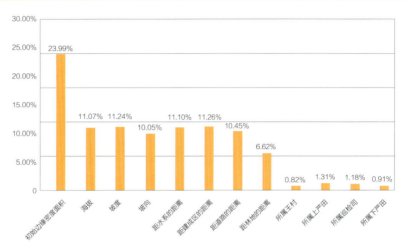

农田田块边缘密度因子重要性

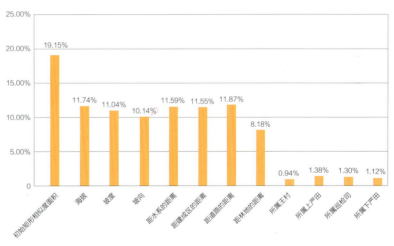

农田田块矩形相似度因子重要性

三　基于地理空间信息的乡土景观解释 | 069

附：参数敏感性

图中为农田土地覆盖演化模型的学习曲线，即在最大特征数量为4的条件下，模型在检验集上准确率随决策树数量变化而变化的情况，可以看到树的个数小于10时准确率随树的数量的增多迅速上升，而后在0.89附近波动。

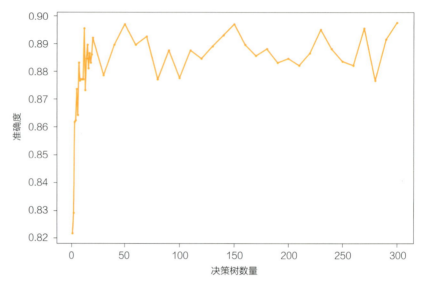

农田土地覆盖演化模型的学习曲线

图中反映了农田土地覆盖演化模型的准确率与决策树数量及最大特征数量的关系。从学习曲线可以看到决策树数量大于20后对准确率的影响较为随机，这张图反映了同样的结论。最大准确率的点为决策树数量50、最大特征数量8的参数组合，也是本研究模型训练的参数组合。

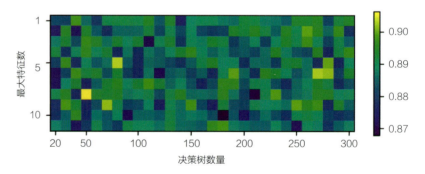

决策树数量图

保留至今的上严田水口林

四 严田村乡土景观与理想人居"行读"设计

前文内容仅能初步描述并分析严田村的景观演变,具体的发展建议还有待多学科专家共同探讨。以此为出发点,本书根据不同的人群(儿童、普通大众、专业人士)设计了三套"行读"方案及解说系统,进而鼓励各行各业学习并探究严田村的生态与文化系统,吸引人才的同时集思广益,共建共享,打造基于自然的可持续发展的当代桃花源。

面向儿童的"行读"与体验：
严田村"宗族文化与乡土景观"

"行读"主题

儿童"行读"现场

背景

严田村是婺源县山区盆地中的一颗明珠，凝聚着上千年的徽州宗族文化，徽饶古道记录着三大宗族定居繁衍至今的完整故事，保留着与宗族文化密切相关的物质与非物质文化遗产，其山水格局、农田、建筑等景观要素均蕴藏着当地人的生存智慧和丰富的文化内涵。

目标

通过寓教于乐的方式，向中小学生讲述徽州宗族的起源与发展，使他们在"行读"的过程中了解古人依托自然的生存智慧，感受保护传统文化的重要性。与此同时，培养中小学生的观察能力、识图能力、想象能力。

核心吸引

- 近距离感受自然，接触族谱村志等珍贵资料。
- 水利、建筑遗产的完整呈现。
- 在趣味游戏中培养观察和想象能力。

目标人群

希望了解徽州宗族文化，在自然中探索族谱中的历史和书本上的知识的中小学生。

"行读"思路

寓教于乐，提供严田村自然和文化方面的基础资料，包括：1969—2019年卫星图，严田李氏族谱和武口王氏族谱中的舆图、族训、家规等；四个自然村（王村、上严田、下严田、巡检司）的历史文化建筑分布图及这些建筑的照片；《婺源县志》中关于农业智慧的描述（二十四节气、星宿图等）。学生们通过听讲解了解各村的形成和发展过程，在"行读"过程中，通过游戏的方式体会建筑的变化、建筑文化遗产的保护现状、族谱与县志中描述的农业智慧在现实中的反映等。

儿童自然与文化研学现场

树叶的卡通创作

"行读"路线

路线设计

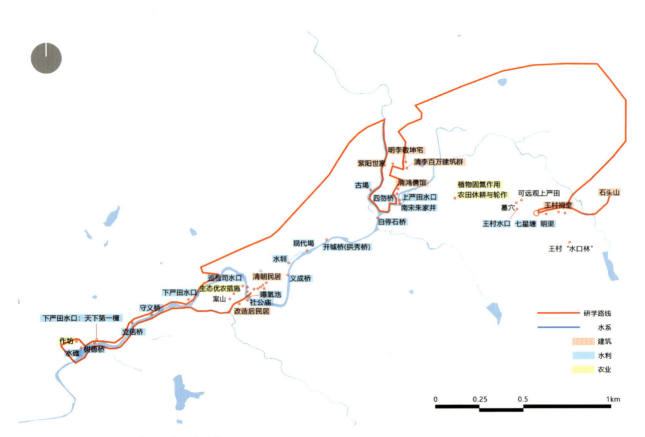

严田村"宗族文化与乡土景观"儿童"行读"路线图

严田村亲子研学,如在画中游

"行读"计划——在行进中形成的能力

观察能力的培养

把课堂放到自然之中,引导学生发现沿途的事物,学生们在对知识进行理解之后,到现实中寻找答案。对这一能力的培养主要在以下场景呈现:

宗祠:通过观察和听讲解,理解王氏、朱氏宗祠中的宗族仪式及"四水归堂"建筑形制中蕴含的生态和文化智慧。

王氏祠堂

四水归堂

村落水系对比:沿河的上严田与下严田利用河水生产与生活,王村则利用地下水生产与生活,了解其不同之处。

房屋对比:各村落保留着从南宋至今不同年代的房屋,可观察并分析其特点。

打井取地下水

民居沿河而建

下严田—巡检司沿途：通过照片辨别沿途的植物和昆虫。

识图能力的培养

引导学生结合族谱中的舆图，将图上的信息落到现实空间之中，这个过程旨在锻炼学生的信息识别能力，在充分利用古籍信息做研究的同时，向学生说明保留和传承传统文化的重要性。对这一能力的培养主要在以下场景呈现：

七星塘：对照舆图判断现存七星塘的位置。

上严田和下严田：对照舆图发现图上主要建筑在现实中的分布。

想象能力的培养

"行读"不仅是对书本知识的拓展,更是学生空间想象能力在现实中的延伸,学生通过对环境的观察,结合自己的想象力,猜测具体空间的功能及工具的使用方式。对这一能力的培养主要在以下场景呈现:

王氏宗祠—七星塘:七星塘各个塘的功能,建筑及其附件(如晾晒杆)的作用。

舆图中各村水口的原貌。

上、下严田舆图中的水口建设

来源:(清)李振苏纂修,《星江严田李氏八修宗谱十六卷首一卷》卷十六《上、下宅基图》,清道光二十六年(1846年),国家图书馆藏

解说系统

婺源

婺源县在江西的东北部，安徽和浙江的交界处，属于古徽州六县之一，分布着大量历史悠久的传统村落，这些村落里藏着很多当地人生活和生产的"秘密"。我们所在的严田村就在婺源县的一个盆地中间，新老建筑鳞次栉比，在古建筑里面居住的老人还保持着原来的生活和农作方式。

严田村东南的船槽岭峡对婺源的政治稳定、经济繁荣和文化兴盛有着重要的作用。古人在选地方建房子的时候会考虑很多，比如说水够不够用，地能不能耕种，够不够肥沃，房子建在这里能不能藏得好、抵御外敌，会不会有什么自然灾害……只有这样才能更好地繁衍子孙后代，子孙生活幸福安全了，家族才会强盛。除了选个好地方，古人还充分发挥了他们的智慧，对自然进行改造，目的是保护好这个地方，让后代一直都有地可以耕，有水可以喝，有房子可以住。

依山傍水的村落选址

王村

> 严田村作为行政单位，是政府为了方便管理而设的，但严田村又有5个小聚落，形成了"自然村"。最东边的村子是王村，顾名思义，这是王姓家族世世代代居住的地方。他们在南宋时期从武口王村迁居到这里。王村不靠近河流，村里用水主要靠地下水来供给，为了便于储水，祠堂也设计成"四水归堂"的结构，雨水可以沿着房檐流入水池。考虑到世代繁衍，人口增多，王氏祖先把房子都建到山麓，留出了大片山地用于耕作，形成了独具特色的梯田式结构。

紫气东来门：王村村口正门，朝东向。因王村选址在严田之后，上下严田占据了上好的坐北朝南的方位。所以王村在选址上坐南朝北，选择了东向开村门，并题为"紫气东来"。

王氏祠堂：明代建造，祠前空间为村民晒太阳、聊天休息的地方。祠堂大门上方画有一幅"麒麟送子"图，表明村民们对子孙后代的重视；还有一幅"魁星点斗"图，魁星左手持官印，右手持笔点"北斗七星"，寓意子子孙孙事业顺利、学业有成。祠堂前有方形水塘，原为村庄防火考虑。进入祠堂，可以看到徽州建筑典型的"四水归堂"，雨水从祠堂四面的屋顶汇入水塘，体现着古人"财不外流"的观念。

七星塘：原有7口塘，分布形似"北斗七星"，故得名"七星塘"，现存5口塘。5口塘水单向流动，承担着饮水、洗菜、洗衣、养鱼等功能，体现了王村对水的节制利用。

王村水口：水口及水口林把王村"藏"了起来，从远处看不见村庄。在战争年代，经常有外敌入侵，抢占村民的财产，所以只有把村子藏起来，村子才能很好地延续下去，水口完密，也象征着子孙后代的发展很好，如果水口被破坏了，村民会想办法筹钱修缮水口，并在它周边修书屋、土地祠、水口庙等。

"魁星点斗"

"紫气东来"门

上严田

上严田是严田村最大的自然村,为李氏家族与朱氏家族的聚居地。李氏宗谱亦载道,上严田始迁祖李德鸾"卜居占得乾九二爻,辞遇田则吉"❶"居卜曰从田则吉……公迁婺源严田"❷"从卜者遇田则止,故德鸾家严田"❸。至于文中提及的"乾九二爻",《周易》之乾卦曰:"九二。见龙在田,利见大人",即龙显现于田地,利于出现大德大才之人。

上严田古建筑

严田村村内有保存完好的明清古建筑70余栋,有婺源保存最好最大的朱家祠堂(紫阳世家)、李知已故居、明代轿屋、清代客馆等古建筑,还有古树、古巷等历史遗存。李姓、朱姓和王姓族人曾在村内建造了许多公共建筑,他们非常注重对子孙后代的教育,所以建了"振藻园""学静轩""钟英轩"等书舍馆塾,用来教学。因此,村里也曾出过一些文墨人,如清代的李鸿瑞(著有《芦洲诗集》)。

从田则吉,以严治家的严田村

❶ 著者不详,《三田李氏统宗世谱十八卷》卷一《三田统宗纂修谱序》,清乾隆年抄本,上海图书馆藏。
❷ (清)李联等纂修,《星源严田李氏宗谱十九卷首一卷》卷十五《三世严田始迁祖散骑常侍卫》,清乾隆十四年(1749年),上海图书馆藏。
❸ (民国)著者不详,《星江严田李氏宗谱》卷十六《旧序·九·三修严田家谱序》,民国(1912—1949年),上海图书馆藏。

下严田

宋代,上严田人口接近饱和,李鹏举带领部分村民自上严田迁至溪流下游的下严田,建房屋,开土地,下严田得以繁荣。

堨:中国传统水利工程,与现代大坝不同,堨是矮堰,仅将水位抬高了1~2m,如河有较大落差可采用多级堨来处理。堨不仅解决了周边村庄的灌溉和生活用水问题,而且没有破坏自然生态过程,鱼仍可以溯溪而上到上游产卵。

下严田水口——天下第一樟:在下严田村头的树德桥旁,有一棵婺源境内胸围最大的古樟树,有1600多年的树龄。树高20余米,胸径3.67m。樟木是很好的建筑和家具用材,不变形,耐虫蛀。民间多用樟木雕刻佛像。古樟树旁是下严田水口,原有水口建筑社公庙和汪帝庙,汪帝庙内供奉汪帝、关帝、华佗,因墙漆红色,又名红庙。社公庙比汪帝庙小一半,庙内只有神牌,无菩萨。

严田村水堨

下严田—巡检司沿途

农田智慧:为了使土壤恢复肥力,农业采取轮作和休耕制度,在不同的季节种不同的作物,并且有意识地给农田留出空闲时间。在古代,人们会通过观察不同季节的太阳高度角与时日长短的关系,以及每个月星宿的朝向总结出节气规律,为农业耕种提供参考。

巡检司

入村的明渠:沿村路修建了明渠,与河道连通,解决了排水问题,受雨涝之困的村道成为流水相伴的美丽街道。街道排水的问题不能仅靠地下管道来解决,还应该用系统的思维将整个村落的水系连在一起,提高水系的连通性。

村内的水彩陶画:望山生活"文创艺术"的一部分,在巡检司开幕的中国首个"5G乡村艺术生活展览"中,各位艺术家根据村庄景色创作了水彩陶画。

望山餐厅旁曝氧池:通过水流与瓦片的碰撞使水体复氧,同时成为深受儿童喜爱的活动场所。

建筑改造:对比改造前后,了解望山餐厅、答桂楼等的改建智慧。

上严田村基图
来源：（清）李振苏纂修，《星江严田李氏八修宗谱十六卷首一卷》卷十六《上宅基图》，清道光二十六年（1846年），国家图书馆藏

村级图主要街道及节点对应
底图来源：Google Earth

四 严田村乡土景观与理想人居"行读"设计 | 085

严田村"宗族文化与乡土景观"大众"行读"

"行读"主题

背景

严田是坐落于婺源的一个儒家文化村庄,在卫星图上,它只是一个署有地名的小点。在未踏上这块土地时,环绕这片村落的溪流的名字消失在地图的注解中,水口营造的故事被遗忘在族谱里,然而对生活其中的人们来说,大地上的一草一木都充满意义,景观承载着的不只是名字,还有家乡和归属。然而,今天乡村在不断消失,它们背后的故事沉默着,等待我们去阅读。

目标

此次"行读"希望通过探索严田村大地上的景观，来阅读盆地环境下古人的世界，让我们明白古人为什么如此节制地生活，为什么这样珍视自己的宗族，为什么不遗余力地建设家乡，从而理解他们的封闭、固执与抗争。大地上壮观的水口、美丽的建筑、生机勃勃的农田，为人们递上了深刻理解乡土景观的钥匙——它们为在闲暇时间参观乡村的游客呈现的不仅是事实，还提供了乡村的背景信息，从而避免人们简单地给出"乡村面貌落后"的评价，游客通过体验来发现和理解"显而易见的事物"的背后是什么。这种"讲故事"的方式有助于将乡村景观与个人的经历联系起来，可以强化人们对景观及其要素价值的认识。这种景观解释不是一种"向后看"的方法，相反，它是在欣赏过去和现在的基础上，让人们意识到每个村落都有着瑰丽壮阔的生存故事，这些故事值得人们去阅读和探索，并让人们在保护其价值的行为上做出积极的改变，以正确的方式保护乡村景观。

目标人群

对徽州文化好奇的相关专业学生

对乡村文化感兴趣的人们

探索乡村振兴的设计行业相关人员

核心吸引

- 深厚的徽州文化底蕴
- 乡村振兴的无声介入
- 不同时间切面的村落面貌

设计思路

根据严田村大地现有的景观串联游线，主要以水系为主，沿途讲解祖先留下的景观背后的含义与故事，为大家展现一个生动的古代严田，让参与"行读"的人们了解阅读乡村景观的趣味性与重要性。

临水而建的巡检司民宿

"行读"路线

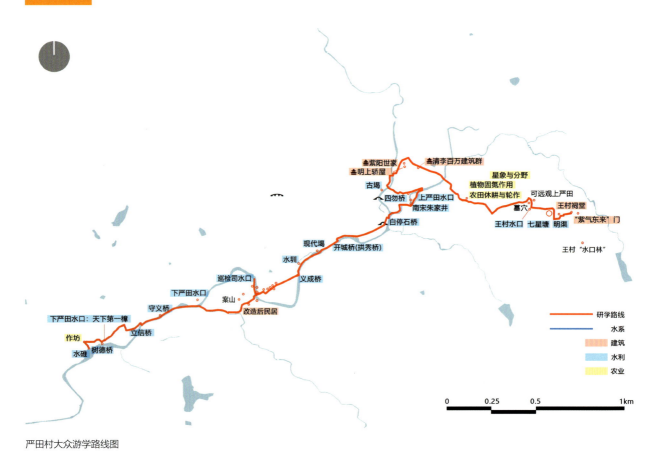

严田村大众游学路线图

| 解说系统 | 族谱梳理 + 轶事传说 + 物质景观 ── 讲故事 | **相互联系、含义丰富的真实世界** 乡村景观不再作为被观察、审视的对象，而是可以被解释、理解的世界，人们在此联系与含义中进入体验，感受它们的存在，倾听它们的诉说。

王村

王村有悠久的宗族文化，不傍溪河，用水主要靠以祠堂为中心的完善的塘—圳—井的可持续利用系统。王村居民作为一个后迁居于此的族群，在盆地中并未占据有利的位置，可是他们凭借着对资源的有效利用、与自然的抗争与合作，在一种微妙的平衡中延续着宗族的繁衍，留下其生存的痕迹。我们也许会在这痕迹中窥探到古人对自然的态度以及对自身生活的营造与期待。

迁居

据族谱记载，王村的始祖是来自山西太原的王仲舒，他客游江南后选择安徽宣州居住下来，后又迁往安徽黄墩。大唐广明庚子年（880年）参军公为避黄巢之乱，迁居至江西婺源武口。严田的王村之王姓，就是南宋时从武口王村迁居而来的，部分王氏族人因严田人烟稠密，迁往严溪居住。

槐溪向有宗祠，而严溪无之。君以严溪人烟亦以数十灶，无祠以统，属之如同寄居，不成巨族。——《应爆公传》

路段示意

王村废弃古宅

---

❶ （清）李振苏等纂修：《槐溪王氏支谱六卷首一卷》，清咸丰六年（1856年），木活字本，国家图书馆藏。

四　严田村乡土景观与理想人居"行读"设计

宗族的故事

紫气东来门： 对于王村来说，祠堂前的紫气东来门是一种图腾般的存在。因为后迁居于此的王村人并未占得一个绝佳的地理位置，不得已整个村落坐南朝北，为寻得吉利的兆头，顺利延续族群的生息，这个门成为紫气东来的吉祥象征，是最佳通道的寓意，人们出嫁、迎娶，或跨过人生最后的路程都从这一道门穿过。

山林： 从王村祠堂前的小广场以及向下走的途中可以看到掩映在房屋后的山林，这片山林静静伫立着，不比名山雄伟瑰丽，却对整个村落的生存起着不可忽略的作用。山林的存在维持着水源涵养、雨水净化的过程，可以说王村的大部分水来源于山林涵养的地下水，而且山林和土壤还对另一水源——雨水起到了净化作用，这些地下水和净化的雨水经过路旁的明渠被收集入池塘中。

水口： 王村一族非常重视水口的营造。中国文化注重含蓄，即隐、藏，在理想的人居环境中也是如此，藏起来保护自己的家族、资源，这与在西方的游牧文化下显露于山顶的文化是不同的。所以古时水口及水口林对王村就起到一种"隐"的作用，免于村庄被外来人士所见受到侵扰。所以在族谱中有记载王村水口初建时稍显低陷，为了遮蔽遂在水口周边修书屋、土地祠、水口庙等，以壮瞻观，他们也认为水口的壮观象征着家族、人文的兴盛。

"村基水口一方以形家论之，似稍低陷，前人曾立二庙以障蔽之，而未克周全。均为手创建书屋，并建余屋土地祠，以壮瞻观。水口完密，而人文亦因之丕振，严田创造宗祠费有不资，君协谋于众，共襄善举，俾克有成。"❶

---

❶（清）李振苏等纂修：《槐溪王氏支谱六卷首一卷》，清咸丰六年（1856年），木活字本，国家图书馆藏。

村民在王氏祠堂中编席子

王氏祠堂： 王村祠堂为明代时建设，风格大气简洁。在村庄中，祠堂是精神信仰中心，祠堂门上雕刻有魁星点斗图案，相传魁星是个连中三元的才子，掌管人间科举文运，还刻有麒麟送子，祈求子嗣繁盛。这些都反映着古代人们对于教育以及生命延续的重视。

同时因为村子建于山坡，未临严溪，水资源并不丰富，所以当时对于资源的利用是节制的，充满了生存的智慧。如祠堂前有一方形水塘，村民称之为"聚宝盆"，祠堂前的水塘收集了雨水和地下水用于救火等。进入祠堂，可以看到徽州建筑典型的"四水归堂"，屋顶向内倾斜，雨水顺着屋顶流入了院内天井。这种庭院集水的方式利用院内天井将雨水聚集到了水窖和池塘中，用于人畜饮水、洒扫庭除和消防。

七星塘： 村落后部的几口塘，自古以来就是王村生活的必需。据村民说，这里原本有7口塘，形似"北斗七星"，与天上的星宿相应。现在可以看到只剩下5口塘，虽有了自来水，但村民仍在使用。每口塘有不同的功能，将水一级级利用起来。第一口塘为圆形，是最为清澈洁净的水，为王村的饮用水，在古代供村内200多人饮用，过往如果有人在此塘中洗涤或做他用，会遭到惩罚；第二口方塘用来洗菜；第三口方塘用于浣衣；其他塘用来养鱼或浇灌农田。这样严格有秩序地使用使水资源得到了最大程度的利用。据村民回忆，在最大方塘的边缘原有一棵大樟树，相传有野兽居住在树干中，村民惶恐，点火逼迫野兽出逃，结果烧毁了古树。

王村七星塘

王村—上严田

农田智慧

《婺源县志》中记载，在古代，徽人们会参考不同季节的太阳高度角以及不同角度与时日长短的关系，即各节气昼夜长短，"北极出地度多者长短之差亦多，出地度少者长短之差亦少"，并观察每个月星宿的朝向，总结出当地的节气规律，为农业耕种提供参考。

每个节气该做什么、该种什么、该吃什么在自然的限制之下，选择看似是少的，却也在限制之下被赋予规律而确定了生活有力的节奏。正月，农民到田中插秧种树。二月，茶和花木应接不暇，家中也开始浸泡种子以备耕种。三月，人们在田中布秧苗、采新茶，雷声大时去后山捕蟾蜍用于捕虫。四五月，于田中收取油菜籽榨油，梅雨季节，家家户户饮菖蒲酒，撒雄黄粉于屋外以防治虫蛇。六月，天热，制作酒曲、酱醋的事情提上日程，饮食也清淡节制起来。七八月，种豆、收麦，染收木棉，将农田中的杂草除去。九月，秋至，收生姜与芋头，还有板栗、枣子等果子，收晚稻也开始着手。最后两月，春节将至，宜行嫁娶、丧葬之事，各家各户分岁祈年。

路段示意

休耕的田地用作固氮

上严田

> 严田村位于古徽饶（古徽州—古饶州）驿道上，自古交通便利，田园风光优美。村庄建村于宋乾德甲子年（964年），由唐太宗李世民后裔李德鸾经江西省浮梁县界田徙此，取"占得从田之鉴，以严治家"，故名严田。后有朱熹同宗迁此。现村庄主要是李、朱、王、洪等姓居住，村庄历史文化底蕴深厚，商儒共荣，民风淳朴，较为完整地保留着南宋、元、明、清、民国时代的建筑，还有古树、古桥、古巷等历史遗存。村庄从宋至清出了27名进士，在《婺源县志》上都有详细记载，是名副其实的中国进士第一村。
>
> 李氏一族最先迁于此，其宗族的兴衰变化在历史中沉浮，在族谱中我们可以知晓这个家族在不同时代的变迁，他们面对环境变化时的对策，从宋代的出仕盛期，到元明时期的战乱与灾祸，再到清时为求生存外出从商的繁荣，这一切都写入族谱，也刻在所见的景观中。

选址

不同于现代我们选择城市位置时对环境限制的忽视，古人在选择生存之地时要谨慎许多。李氏族谱中记载的几次大的迁居，都在占卜、看卦时有吉兆方动，这种朴素的举动反映的是他们对于迁居未知的希冀。在求吉兆的同时，古人也用大量的时间和精力去确定此地是否宜居，跑遍好几个山头，看山水形势，在不同的地块插上树苗，看树的长势如何。最后确定的是一个左右两山相临、前有溪流环抱的地方，村落的建筑修于山水拢成的圈中，对于前面宽阔的平坦区，古人称之为明堂，农田绵延于此，那是不可占用的地方，不建房屋也不用作墓地，他们明确地知道粮食是生存的基石。这一套选址模式延续了千年，在群山塑造的封闭格局以及人为营造的水口林中保留了下来。

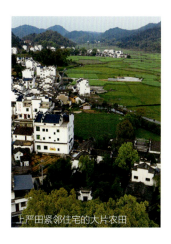

上严田紧邻住宅的大片农田

迁居

史料记载："唐末黄巢之乱，昭王季子京公避地于歙之黄墩，再徙浮之界田，有子曰仲皋，生德鹏、德鸾、德鸿。鹏迁祁之敷田，鸾迁婺之严田，鸿守故土界田……而德鸾一支尤为杰出"❶，亦是李氏受黄巢之乱的影响，自李京始，三迁而来，由李德鸾于964年定居严田（今上严田）。因朱姓与朱熹有宗亲关系，故李朱之间订有盟约：李家世不欺朱。王姓系从邻近的王村迁来，现仅存2户。上严田为以李姓、朱姓和王姓为主的乡村聚落。村民传说，此地最早居住者是胡姓，后来朱姓，后来李姓，再后来王姓。胡姓现已不存。按《朱氏宗谱》所载，其朱姓系唐代由松岩里（今县城附近）迁来此地，分上朱、下朱两部分。

---

❶ （清）李联等纂修，《星源严田李氏宗谱十九卷首一卷》卷之首《严田李氏会修谱序》，清乾隆十四年（1749年），上海图书馆藏。

路段示意

宗族故事

在宗族社会，宗祠的统属作用和族规对思想及行为的约束是地方得以长治久安的关键。古严田时期，祠堂不仅是祭祀的场所，也是统属民众、教导民众的地方。同一村内，也会建有总祠与分祠（支祠）以分管不同区域的乡民，如上严田曾有朱氏总祠"秩叙堂"、上朱支祠"敬爱堂"（不存）、下朱支祠"敦睦堂"。

族规祖训则具体地规定了乡民的思想及行为规范。在乡民的观念中，"恪守家法"是"铄代有伟人"的关键："上声华显，铄代有伟人，嗣是恪守家法，世有隐德，而勤俭质朴，悉以遗安"。❶ 李氏祠堂家训中提及："敬父兄、慈子弟、和邻里、时祭祀、力树艺、无胥欺也，无胥讼也，无犯国法也，无虐细民也，无博奕也，无斗争也，无学歌舞以荡俗也，无相攘窃奸侵以贼身也，无鬻子也，无大故不黜妻也，勿为奴隶以辱先也"❷，这些族训将在祭祀时由有德者"向南坐而训族人"，违反族规者，"生不齿于族，死不入于祠"，后人之能文者，亦将有功德之人或犯族训者立传，"亲姻乡里能睦而顺，此其行之足书举书之累，有足书者，死则为之立传，于谱其有犯于前所训者，亦书之"❸。因此，族规祖训成为约束村民思想和行为的重要途径。

上严田朱氏总祠"秩叙堂"

❶（清）李联等纂修，《星源严田李氏宗谱十九卷首一卷》卷之首《祠堂家训》，清乾隆十四年（1749年），上海图书馆藏。
❷ 同❶。
❸ 同❶。

建筑的故事
【建筑智慧】

在许多人眼里，徽州的民居让人印象深刻，白色的高墙对比着黛色的马头墙，像是一幅水墨画。也有人疑惑，徽派的民居并不宜居，为什么会获得如此赞誉？其实，与其说徽州民居在宜居方面存在不足和局限，不如说这是湿热环境下房屋在宜居方面表现出来的未能挖掘完的潜力。因为在这样一片湿度很高的土地上，无论是想靠封闭环境在冬天积聚热量，还是想利用开敞空间在夏天疏导热量，都会遇到问题——因为高含量的水分让空气有很高的潜热，使空气变得笨重，在其他地方行之有效的调节环境的手段都变得迟钝起来。

古人为了应对这一问题，对建筑的营造倾注了我们难以想象的心血。布局上，为减少光照带来的热量，屋与屋布置紧凑，同时坐北朝南，享受阳光的同时避免寒流侵扰。建筑分为两层，底层不用于居住，尽量通透，可通风去湿；东西向的长条形天井空间以及北高南低的设计可以使底层高度增加，提高采光量，增加内外部空气的流动，达到通风降温的效果。细节上，细微的部分也有巧妙的智慧，如在装饰上，镂空雕刻可以透光，也增加了材料表面积，吸走了更多湿气；白色的墙面和内部木质薄墙吸收释放水汽，帮助平衡室内的相对湿度。

高墙洞窗的严田建筑

【建筑遗迹】村中现存明清古民居76幢、古祠堂2座。其中,公共建筑(如现存的朱氏敦睦堂)往往采用天井式设计,兼具采光、通风和降温的功能,四周屋面的水流入天井,称"四水归堂",既体现了人们想要"聚财""聚气"的文化心理,又是人们适应盆地环境、合理利用自然的表现。对于民居而言,高墙洞窗是其主要特征。小窗是封建时代徽商出门在外,妇孺留守在家,出于防盗考虑的设计,但窗户由外向内呈台体状放大,增大了屋内的采光面积,体现了独特的营居智慧。

(清)李百万古建筑群

古建筑群主人文祥和,原为村内小介(仆人),后从事木材贩运生意变身巨富。为报李氏改小介身份入正籍之恩,他建房18幢捐赠给当时村中李姓住房紧张的人家。

小故事

李百万发财记

文祥和是严田村的小价(亦作"小介",即仆人)。后来,他不甘心当小价,出外打工帮一位木商放排搞水上运输。可是每次放排到一处激流,木排都沉入与激流相连的深潭,于是他觉得无脸见老板,就在沙滩上发呆,不知不觉进入了梦乡。老板后来打醒了他,被打醒的文祥和急忙向老板道歉,并"炒了老板的鱿鱼"——他辞工不干了。

因为没什么手艺,文祥和辞工后无事可做,就重拾放排营生,做木材生意十分顺手。当放排到原来沉木头的深潭时,自己的木排也沉入了水底。正当文祥和欲哭无泪时,发现自己那些沉入水底的木排浮起来了,还将往年那些沉入水底的木头也全部勾带出水面。他将这些无主的木头起岸,放在岸边堆成了小山。文祥和租了堆放场地三个月,同时广出告示,请失木者前来认领。三个月过去了,并无失主来认领,此时场租也到期了,这批无主木就归他所有了。这时,刚好京城皇宫搞建设,需要购买一大批木材。采购人员找到他,向文祥和出价,他恰好在旁小便,打了一个寒噤,没有及时回答。采购人员看到他打寒噤,以为他嫌价格低了,于是就主动加一倍价钱,把他的木材全部收购了。这下文祥和一夜暴富,成了百万富翁。

村内相传,石门头、石门柱均为李百万所建

皇宫里的人将那些好木头收购走了,剩下的都是树心霉烂的木材。这天,文祥和闲来无事,用斧子破开几根烂木材,准备当柴火烧饭用。不料破开的木材是中空的,里面都藏着银锭哩。文祥和推测:这一定是哪位富商,怕陆上运银子不安全,而想出用挖空的木头藏银子水运的奇招。不料此富商时运不济,连人带木头都沉入了深潭。此时的文祥和成了巨富!

成了巨富的文祥和又回到严田村,先是向朱姓宗族要求让他改姓朱。可是朱姓认为他一个小价,虽然有钱,还是嫌他身份低贱,不同意。文祥和又向李姓宗族请求改姓李。得到了允许后他进李姓宗祠拜认了李姓祖宗。为报李氏改小价身份入正籍之恩,"李氏祥和"决定给当时村中李姓住房紧张的人免费建房。买下土地后,一晃三年过去,造房子的活计,包括山里的石礤石料都全部备好,只等搬到屋基起榀了。可是,竖屋起榀的吉日,正是夏收夏种时节,根本请不到人进山运石礤石料。李祥和交代管家,只要有人帮忙从采石场搬石料,每个石礤疍运费一锭银子。结果,全村男女老少争先恐后为李祥和搬石料,18幢房子的石料,在一顿早饭前全部搬到现场。就这样,18幢房子像神话一样全部竖起了屋架,就留下了"李(文)祥和一顿早饭前建18幢房子"的神话。

（元）紫阳世家

朱家祠堂，又名秩叙堂。据《严溪朱氏宗谱》记载，朱家祠堂建于元代至正十七年（1357年），至今已有660多年历史，后历遭兵燹之祸，经屡次修葺保持原貌至今。宗祠主体建筑依次为门楼、丹墀、享堂、寝堂，由砖木石的梁架穿斗式和抬梁式结合构成，气势宏伟，布局严谨，是婺源唯一保存完好的朱姓祠堂。据记载，严田朱氏于宋哲宗绍圣元年（1094年）从县城香田迁居而来。

小故事

祠堂的魅力

婺源自建县以来，聚族而居，姓各有祠，祠各有谱。祠堂，是一个村、族的眼睛，也是村中的宝地。

祠堂既是生人聚会的公共场所，也是祖先受享的地方。其建造格式一般都是三进五开间的四合院形制。这座朱氏宗祠，是用来祭祀"钦点翰林"朱锡珍的，气势宏伟，布局严谨。宗祠原来有雄伟壮观的五凤门楼，四角悬挂风铃，中间是一块皇帝御赐的"钦点翰林"竖匾。值得一提的是，竖匾是皇帝钦赐的规格。因此，到宗祠门口，文官须下轿，武官要下马。只可惜，20世纪50年代，这座宗祠改建为粮库时，五凤门楼被拆毁了。门楣上有"紫阳世家"四个遒劲有力的大字，是门楼的残存部分。朱氏宗祠为什么用"紫阳世家"？大家知道，紫阳，是理学家、教育家朱熹的号。据《朱氏宗谱》记载，朱氏到严田比较晚，于元代从婺源县城郊香田村迁来，与朱熹是宗亲。享堂是宗族商议大事、春秋两季祭祀朱姓祖先的场地。这个享堂名叫秩叙堂。秩叙是什么意思呢？《周礼·天官·宫伯》说是"掌其政令"。清代的刘大櫆《续泰伯高于文王》说是"天命之眷顾，人心之向往"。享堂五开间，享堂的正梁非常大，在古代没有汽车，更没有吊车，那么粗的木材，是怎么运来的？据说，建祠堂时，为选正梁木材，木匠师傅先测量了位于村口的一棵枫树，觉得短了一截，就去对面山坞密林中采伐了这棵大枫树。树砍倒了做成了粗坯，但搬运成了问题。一天夜里，天降暴雨，一场山洪将大枫树冲到村边。朱姓族人都说，这真是天意呀！不久，村外的那棵短了一截的大枫树离奇地枯死了，据说是因没有被选为栋梁而气死的。

天井后是"饼台"。每次宗族活动，饼台是老人、尊长品茶歇息的地方。与饼台紧挨着的是"寝室"，相当于百姓家中的香火龛，是专门供奉列祖列宗牌位之处，这就是"寝"的原意。寝室祖先牌位龛的设置、安放也有礼制规矩，不得错乱：寝室中间是龛座三间，中龛供奉的是始迁祖神主，左右两龛则按"昭穆"秩序对先祖牌位进行排列。所谓"昭穆"，是用来分别宗族内部长幼、亲疏等的一种辈次排列。始祖居中，二世、四世、六世等位于始祖左方，称为"昭"；三世、五世、七世位于始祖右方，称为"穆"。将祖宗牌位放在祠堂的最高层，除了显示尊重，还有祖宗们关心、监督远方游子的寓意。

祠堂内部

建筑内部木雕

（明）上轿屋

此宅仿花轿形式构建，是婺源独一无二的明代建筑，专用于李氏族众嫁女。房子前后堂对称，双天井，16间房，楼上楼下各8间。前后堂间的壁橱用于存放祖宗神牌，因此此屋有部分祭祀功能。

小故事

出嫁

对于一个家庭来说，嫁女是件大事，要通过隆重的仪式来彰显其慎重；而对于严田李姓来说，嫁女还是族中大事——这或许与李氏有皇室血统有关。出嫁吉日，新娘梳妆后，按时辰由"命好人"引导到上轿屋。上轿屋堂前放一些青竹枝，青竹枝上放一团箕（团箕为竹器，意为夫妻团聚）。一切准备就绪，等待上轿良辰到来。吉日这天，男方备花轿，请托伴亲客、轿夫、吹鼓手等人员相随去迎亲。主管迎亲的人前面领路，花轿前面挂红灯笼一对，上写男宅的姓（如×府）。花轿门大边贴上格式化的上联，例如方姓"河南郡"，联语一般为"河南望族迎淑女"，下联暂空，由女方书写，例如严田李姓为"皇室血统"，联语则为"皇室名媛嫁贤郎"。这副对联叫"轿封"。

良辰至，花轿进上轿屋，花轿放在堂前团箕上。此时，"孵鸡媒"捧来一碗上轿饭，饭上有一个剥壳的熟鸡蛋。饭，新娘可以不吃完，但熟鸡蛋一定要吃完，婺源人称鸡蛋为"鸡子"，意为吃子得子。此后新娘母女亲人照例哭一场，蒙上绣巾（盖头），换上新娘鞋。此后的事都由婆家派来的人负责。新娘换好鞋由伴亲客背上轿。新娘为什么要背上轿呢？因为穿上新娘鞋后，新娘的脚不能直接踩在地上，说是怕带走娘家的财气。伴亲客关上轿门、贴轿封，礼炮、鼓乐齐鸣，花轿起行。

娶亲的轿子离开以后，有些地区，娘家人要泼一盆水。婺源不是泼水，是在堂前烧一个小火堆：花轿出门后，女家立刻关起大门，在堂前燃烧杉木干枝，金银香纸，俗称"烧金地"，将出嫁女作为死别对待，意为愿女儿与夫君白头到老，从一而终。

南宋朱家井

水井水位虽浅，但水质清澈，即使大旱也从不干涸。相传，南宋有年严田大旱，村民担心破坏水口林，均在村外围多处挖井而未得。村内有朱家二兄弟为解村内饮水之困，于深夜在水口林挖井，一夜而成。

南宋朱家井

双溪环带

村庄东西两侧的严溪和朱溪像玉带一样在外围将村庄紧紧包住。

古严田八景之一:"双溪与羡恰临渊,二水交流汇一川,待到冬阳斜照后,扶筇悄立看飞鸢。"

六合树

有5种6棵不同的树从千年古樟树兜中长出,甚为有趣。

双溪环带

六合树

小故事

求雨坛的传说

上严田的水口林中,有一块面积三亩多的古树风景林,名叫"求雨坛",这是该村在干旱年景请法师设坛求雨的地方,它东靠河道破絮窟,西接白亭罗汉尿碣(这里不管天气多干旱,即使上游无水流下来,这石碣底同样有清水源源流出,永不干涸。传说早期十八罗汉中的一位经过上严田,看见当时旱情严重,村民用水困难,就在此地撒尿一泡)。

求雨坛风景林中,原有二三人合围的千年古木大樟树、苦槠树、枫树、苣树、沙子树,还夹杂着毛竹、棕榈。人在林中走,抬头不见天,由于树冠覆盖严密,林中杂草甚少,是村民劳动歇凉的好地方。

1970年,有少数大队干部以开荒造田为借口,让生产队社员将求雨坛风景林中古木砍倒,将大苦槠树留作自己建房之用,并伙同亲友将大樟树锯下制作家具,无用的树木由生产队社员据为养猪场、油榨、砖瓦厂所用柴火。

求雨坛上的树木被清理完毕后,生产队社员将大树兜挖掉,改作水田,种植水稻。多年后,因大树根慢慢腐烂,水田漏水严重,加入临近河道,经常被洪水冲刷,现只能在梅雨季节过后进行些旱作,处于半荒芜状态。求雨坛水口林毁坏容易恢复难,真是得不偿失。

上严田—巡检司

亭、桥、塔的诉说

亭、桥、塔在古老大地是常见的景观，这些不同于道路、田地的景观，是人们认识环境的空间标识物，让人们不致在成片的农田中迷途。同时，这些修筑的空间是对领地的声明，走到这座桥上，休息于这座亭子，我们知道自己来到了另一个领域，跨越进了他人的村庄，或将要回到自己的居所。亭子与塔也许还是"瞭望"与"庇护"行为的物化，它们供人休憩，让人可以在自我庇护的前提下，对领域以外的空间进行窥视。这些人造的构筑物进入大地时，不仅是简单的功能承载地，也在成为人们日常生活的一部分，具有多重含义。

路段示意

【万石山城】

上严田村出口西北面的四灵山，因该山四周为悬崖峭壁，且山的顶部呈中间低、四周高的形状，犹如天然的城墙，故而得名。

【四勿桥】

寓意取自《论语》"子绝四：勿意、勿必、勿固、勿我"。要求做到：不要妄自菲薄，不要武断决绝，不要固执己见，不要自以为是。

【义成桥】

位于巡检司通往上严田的田间小路上，"义成桥"已三次被野生藤条覆盖。

【开城桥（拱秀桥）】

起到标识村界的作用。桥上建有一座白亭，此处是巡检司和上严田的分界。

开城桥

100 | 乡土景观解释学

水利遗产

严田村地表水主要由山塘、河流、湖泊组成。汪坑坞作为"北水龙脉",是严田村的主要山塘和严田村河流的主要水源地。桂湖位于上严田村东侧,具有灌溉功能,上严田八景诗中的相关描述,如"泽滋灌溉非行潦,力转炎凉不世情(湖水夏凉冬温)""桔槔省却农夫力,沃尽平畦百顷田""混混源泉出桂湖,芳田百顷沃膏腴"皆可证实。古村基图中还绘有众多水塘,严田村现仍留存有大量古堨。可初步判定,山塘、河流、湖泊、石堨、水塘、水渠等构成了古严田灌溉系统的主体。

古人对水的态度,和我们现在大不相同。在技术日益成熟的今天,水成为我们驯化的对象,利用高高的水坝将其截住,亦或污染后再进行净化,都是普遍的行为。可是在距今并不遥远的时候,水与人的关系更为平等。在沿途的溪流中,我们可以时不时看到一些小的矮堰,它的修建并不影响水的自然流动,也不会对河道的形状造成大的改变,在这样微小的一级级的处理中,水流或被抬高利用,或在湍急时缓慢降速,古人以最小的干预与自然交手。

古堨

巡检司

巡检司村的形成与其他村落有所不同,是宗族势力、徽商发展、军事力量共同作用的结果。据村民介绍,巡检司村始为胡姓建村,胡姓衰后,一山之隔的坑头村的潘氏跨山来此开垦耕种,村落得以发展。在潘氏宗族势力的影响下,巡检司长久处于上、下严田之间。巡检司是徽饶古道的节点之一,村民为沿途商贩提供货物和住宿,村落规模进一步扩大。明嘉靖四十三年(1564年),明朝政府为打击走私行为与奸民暴动,在此屯兵管制,派弓兵30名,设官名"巡检司",并于万历八年(1580年)撤兵,前后仅历17年,但"巡检司"作为村名得以留存。

【水口与案山】

巡检司河岸有一排树龄数百年的古樟,形成水口屏障。沿徽饶古道向西行,可以看到半月形的沙丘上植有4棵枣树,是与水口林对应的案山。南边则有一棵百年桂花树,改造后的建筑在桂花的掩映下融入村庄。

路段示意

远处的水口林与近处的案山

望山生活的介入——对建筑的自然化改造

"蜂巢"专利设计木屋
村子西侧的千年古林形成了一道绿色屏障,望山生活团队把常规宾馆的客房拆解成了装配式的房间,倚靠绿林,建于田埂,称为"蜂巢"。这种不占耕地的设计不仅维持了原有的村庄风貌和整体景观格局,而且满足了人类对理想栖居地"瞭望—庇护"的景观审美需求。

问枣轩
严溪西侧、汇秀桥西端的问枣轩是一座利用旧民宅改造的诗意居所,设计师将建筑面向田园一侧的实墙打开,使中国传统的砖木结构完全暴露于田野之上,实现了自然、传统文化与当代艺术的融合。问枣轩西侧为巡检司的案山——"月丘四枣",有四喜临门的吉祥寓意,并与近处徽饶古道上的四喜桥相呼应,体现了徽州独特的乡土景观元素的含义。

望山生活馆
望山生活馆由130多年的老宅改造而成,原建筑临水而卧,改建先从保护入手,清理、修复、加固原有木结构;保留原有墙体和天井等特色,仅局部改变内部隔墙,进行可辨识、可逆性修复。把临溪墙体打通,改为玻璃观景落地窗,使幽暗的室内空间豁然开朗,户外的石堰、方塘和古桥等风景破窗而入,室内外空间浑然一体。

汇秀桥
生活馆旁的汇秀桥始建于乾隆四十二年(1777年),石栏杆已破损,存在严重的安全隐患。当地老百姓采用传统榫卯结构对破损的汇秀古桥进行修缮,改危桥为廊桥,既保证了建筑材料的可回收利用,又恢复了交通与游憩功能。

答桂楼
紧邻徽饶古道,因对面一株近500岁的金桂而得名。原为已凋敝的民宅,建筑结构完全损毁,设计师按照原有建筑规模,以当代结构形式调整了空间的虚实比例与院墙关系,在重新诠释徽派空间精神的同时,让新建筑与古村融为一体,创造了一种新的、将田野纳入卧室、让人融入自然的无边界体验。

蜂巢木屋

巡检司—下严田

【徽饶古道】巡检司村处于徽饶古道的要冲,是上徽州、屯溪,下饶州、景德镇的商旅必经之路。明代时从巡检司到上严田路程3里,到下严田1里多,到甲路5里,全都在徽饶古道上。这是古代婺源的一条重要而繁忙的商旅之路,也是现在严田村慢行交通系统的重要组成部分,望山生活保护并修复了徽饶古道的片石铺装,促进雨水下渗,并与快速的区域交通相结合,构成了严田村快慢结合的交通系统。

【天下第二樟】巡检司水口处的大樟树。经过这棵树的游子知道自己回到了家乡。

【汇秀桥】建于乾隆四十二年(1777年),三孔结构。早前一侧建有桥亭,为旧时古道上的驿站,现已倒塌。桥上现存一倒下的青石质佛家八面多宝台。桥头有土地庙。桥底部鹰嘴的设计,有利于发大水时减小水对桥的冲力,保护好桥,这是古人对灾难的灵活应变。

【四喜桥】人生有四喜:久旱逢甘霖,他乡遇故知,洞房花烛夜,金榜题名时。

【守义桥】巡检司与下严田村界的标识物。

【立信桥】2010年左右,乡民自主合伙搭建。

下严田

迁居

宋咸平—乾兴年间（998—1022年），上严田李鹏举自上严田分迁严溪下游建居，因处上严田小溪下游，故名下严田。该村东接巡检司，南面水田，西邻儒家湾村，北面靠山。李鹏举为下严田始祖。数载后，又有朱、王等姓迁入严田聚落合居，"以子姓繁衍，乃更卜下宅而居之"❶。

【古堰】

青石板向下铺成台阶，连接着水堰抬高水位。为了方便行走又不影响水流通过，水堰被做成石墩形状，形成天然的石桥。

【水碓】

利用水流力量自动舂米的机具，河水流过水车进而转动轮轴，再拨动碓杆上下舂米。

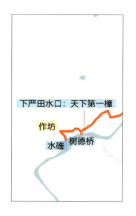

古堰

---

❶ （清）李振苏纂修，《星江严田李氏八修宗谱十六卷首一卷》卷一《家传·四》，清道光二十六年（1846年），国家图书馆藏。

四　严田村乡土景观与理想人居"行读"设计 ｜ 105

【下严田水口】

严田村的水口，称得上古人因地制宜的杰出典范之一。水口，缪希雍的《葬经翼》中称："乃一地之门户，当'一方众水所总出处也'。"由于婺源地处万山间，各村落四面大多是山，形成较为封闭的完整空间，所以水口自然而然成为村落的咽喉，被人们看作关系到村落人丁财富的兴衰聚散之地。人们往往在水口处培植树木，建筑桥台楼塔等物，"障空补缺"，以改善村落的环境及景观，形成"绿树村边合，青山郭外斜"的村落总体环境特征，使水口成为全村的公共园林。

树德桥

巨樟旁的树德桥，原先是一座摇摇欲坠的小木桥。从什么时候起，木桥改成了石拱桥呢？相传，北宋末年，高宗赵构受进犯中原的金兵追赶，慌不择路奔窜逃命。当他来到这儿，金兵已越追越近，情急之中，赵构爬上了这棵枝叶繁茂的樟树，藏身在密密层层的叶片里，这才躲过一劫，使宋朝历史又延续了150多年。在南宋初年的一天，临安府差来一封三百里加急公文，外加一包官银。严田村的李氏族长拆开一看，原来是一封指令将樟树旁木桥改为石拱桥的函。村人顿时明白了，一定是坐在金銮殿上的高宗皇帝，想起了这棵救命树，感恩报德来了。于是，从此这里就有了这座长13米、宽6.5米、高6米的石拱桥。

德福亭

严田水口建筑群中，德福亭是座跨路而筑的石亭，系村人为方便来往行旅歇脚而捐建的。亭名"德福"，大意是指广施仁义、行善积德之人，必定会有后福。四灵庵按古碑刻记，其最早是徐、洪二仙的炼丹之所，随后被佛教徒视为开法宣教的理想之地，一时之间，晨钟暮鼓，香烟缭绕，梵乐经诵，法务兴隆，四方香客云集。后因年深岁久，院宇渐次颓坏，清嘉庆二十三年（1818年），

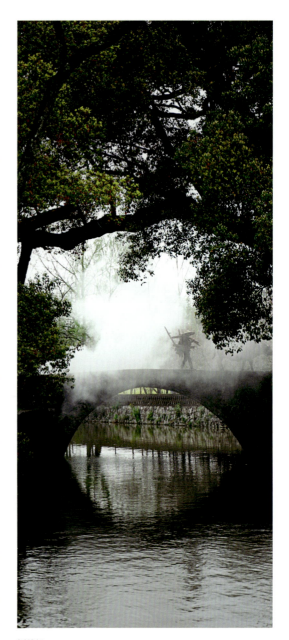

树德桥

民众捐资对寺庙进行了重造。可是到清咸丰年间（1851—1861年），庙宇又遭兵燹，终使四灵庵成为瓦砾废墟，仅留下一方古碑刻和当年徐、洪二仙为汲水炼丹开凿的一眼"沁泉"。虽然现今庙宇不存在了，可民间仍相传，常在此燃香膜拜，能得到徐、洪二仙的庇佑，可以保一生安康。

如来佛柱

树德桥旁立有一根"如来佛柱"，它由佛教经幢建筑衍变而来。柱身八面，依次竖刻有"南无阿弥陀如来""南无妙色身如来"和"南无多宝如来"等字。在古代，人们相信"如来佛柱"有能除一切罪孽魔障、能破一切秽恶的法力，于是乡民们刻置此石柱，把它请进人们的生存圈，让它担负起护境安民的重责。

天下第一樟

严田水口的巨樟，树龄已有1600多岁，枝干横斜参差，苍劲雄浑；叶片密密层层，披青展翠；与婺源北部虹关村的"江南第一樟"相比还要粗近1m。林业科研部门的专家考察后曾说：就此樟树的历史和态势而言，完全当得起"天下第一樟"之称。自古以来，村民将该樟视为"树神"，过去，当地人家怕小孩难养，通常会来树底烧几炷香，然后把写有孩童生辰八字的红纸贴在樟树上，将孩童过继给树神，这样即可保得平安。

天下第一樟

跨学科视角下的乡土景观
阐释学"研究式行读"

研究主题

背景

作为徽州古村落的代表，严田村自然资源优良、耕读文化厚重。近年来，随着工业化、城镇化步伐加快，严田村长期自给自足的农业自稳机制和传统的农业生态景观被破坏，旅游业的大力发展也使得乡土景观面临威胁。在乡村振兴的过程中，为了更好地保护当地宝贵的自然和文化遗产，首先应学会阅读大地，了解一千多年来村落的变迁和村民的生存智慧，破解理想人居的密码，获取人与自然和谐相处的智慧。

严田村自然适应性景观的研究需要多学科共同参与，而"研究式行读"的形式有利于吸引不同专业的学生和从业人员前来探讨、合作、学习，从而全方位地发掘该地区的自然和文化内涵与潜力，提高人们对严田村乡土景观价值的认识，使严田村在得到保护的前提下实现可持续发展。

目标人群

景观设计、城乡规划、历史、旅游管理、人文地理、艺术设计相关专业的大学生。

核心吸引力

- 多学科交流、学习其他学科研究和分析方法的平台。
- 多类型遗产的综合性。
- 丰富的基础资料。

跨学科视角

设计思路

半自主性工作坊，提供严田村自然和文化方面的基础资料，包括1969—2019年卫星图，人眼解译的土地覆盖信息，基于ArcGIS的景观演变初步研究成果及历代《婺源县志》《李氏宗谱》《王氏宗谱》全文及初步梳理成果等。

个人或小组进行自主田野调查前，工作坊成员将带领他们，实地讲解严田村的宗族文化、建筑历史、农田景观、水利遗产、现有的景观干预措施等，使不同专业的参与者全方位地了解严田村。在此基础上选择非本专业的方向进行研究，学习其他学科的研究视角，从而互相学习，集思广益，深度解读严田村的乡土景观遗产。

下严田建筑群俯瞰

行读路线

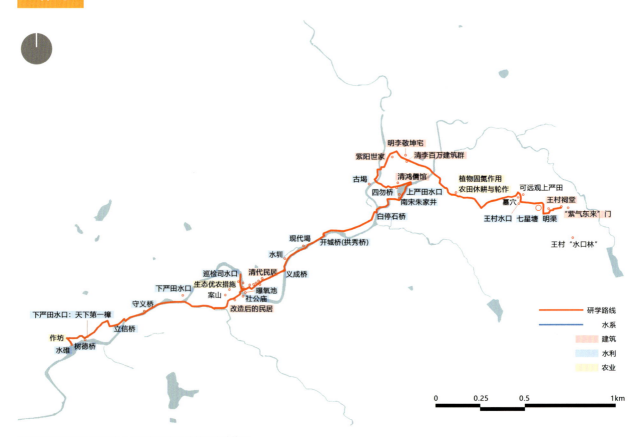

严田村跨学科视角下的乡土景观解释学工作坊研学路线图

解说系统

受盆地内资源限制和经常性局部灾害的影响，严田村衍生出了以整体农业生产和生活环境的持续利用为目的的"生态节制"行为，包括土地节制（顺应地形建村、不破坏自然格局）、植被节制（保护水口林、涵养水源、调节气候）、水资源节制（维护水口、挖塘蓄水、建筑存水）等方面，堪称农业时代基于自然的可持续发展的典范。

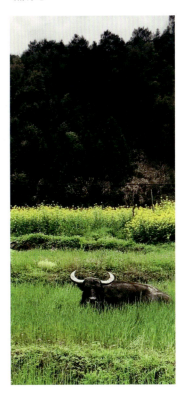

路段示意

王村

王村之王姓，系南宋时从武口王村迁居而来。受盆地景观节约利用土地观念的影响，王村的建设没有侵占农田，"但留方寸地，留予子孙耕"，体现了可持续发展的思想。

紫气东来门： 各氏族定居严田后，村与村之间尚无明确的界限，乡民选择自然景观或建设桥、门、水口等人工景观作为村界的标识物，体现了领地意识与捍域心理。"紫气东来"门即为王村乡关的标识。

王氏祠堂： 在宗族社会，宗祠的统属作用和族规对思想及行为的约束是地方得以长治久安的关键。古严田时期，祠堂不仅是祭祀的场所，也是统属民众、教导民众的地方。王氏族谱中记载，因王村人烟稠密，数十家王氏乡民分居于上严田村，王氏应爆公"以严溪人烟亦以数十灶，无祠以统属之，如同寄居，不成巨族"❶，于是"商之于族，倡首输金，协众力而倡建焉，功程浩大，费有不资，又复加输以为族人率"❷，最终在上严田建成王氏祠堂以统属民众。

沿途明渠： 经过土壤净化的地下水流入明渠。

七星塘： 原有7口塘，分布形似"北斗七星"，现存5口塘，村民仍在使用。第一口塘为圆形，为王村的饮用水源，在古代供村内200多人饮用；第二口方塘用于洗菜；第三口方塘用于浣衣；其他塘用来养鱼或浇灌农田。

王村水口： 水口及水口林对王村起到了"藏匿"的作用。王氏族谱提到对水口的修缮，水口周边修书屋、土地祠、水口庙等，遮蔽水口的同时象征家族兴盛。

王村农田景观

---

❶ （清）李冬华等纂修，《槐溪王氏宗谱十卷首一卷》卷之六《传·十七》，清光绪十九年（1893年），木活字本，上海图书馆藏。

❷ 同❶。

王村—上严田沿途

【农田智慧】生态农业离不开休耕和轮作，稻子或油菜和固氮植物轮作有利于恢复土壤肥力。王村到上严田的途中，沿途的固氮植物有地皮菜（学名普通念珠藻，是一种固氮蓝藻）、豆科植物如紫云英等。采用传统的农耕智慧有利于恢复农田的综合生态系统服务效益，这样生产出的生态产品可以高于市场上化肥农药产品的价格，有利于引导市场生态化发展，进而促进生态农业和有机农业发展。

【乡土植物认知】如平车前、酸模、老鹳草等，对乡土植物的认知有利于在设计中合理选择并使用乡土植物。

上严田引水渠

普通念珠藻（地皮菜）
念珠藻科 念珠藻属

夏天无
罂粟科 紫堇属

酸模
蓼科 酸模属

老鹳草
牻牛儿苗科 老鹳草属

平车前
车前科 车前属

上严田

【严田村名来源】《李氏宗谱·先贤篇》载："李德鸾，字匡禄。才气过人。其先世京，本大唐裔，因黄巢乱，避地歙之黄墩（篁墩），由黄墩迁于浮梁之界田，至德鸾始寓婺源严田。"据1985年版《婺源县地名志》载："李氏'占得从田之签'，且'以严治家'，故名严田。"因朱姓与朱熹有宗亲关系，故李朱之间订有盟约：李家世不欺朱。

【严田历史沿革（详见解说系统—上严田—宗族故事）】

 唐 避难迁居
 宋 出仕建基，重视教育
 元 义不仕元，流难颠沛
 明 人文不振，陆续从商
 清 从商成风，建设家乡

路段示意

【上严田古建】

宋

【南宋朱家井】严田村地下水系较为发达。上严田朱家井与王村七星塘等均为利用地下水形成的景观,千百年来为上严田村民提供源源不断的活水。

元

【紫阳世家（秩叙堂）】朱家祠堂,据《严溪朱氏宗谱》记载,建于元至正十七年（1357年）,已有600多年历史,后历遭兵燹之祸,经屡次修葺保持原貌至今。宗祠主体建筑依次是门楼、丹墀、享堂、寝堂,由砖木石的梁架穿斗式和抬梁式结合构成,气势宏伟,布局严谨,是婺源唯一保存完好的朱姓祠堂。严田朱氏于宋哲宗绍圣元年（1094年）从香田迁居而来,与南宋哲学家、教育家朱熹是宗亲。

明

【李敬坤宅】鱼跃龙门、喜鹊登梅、麒麟砖雕,是激励后人上进的"招贴"。

清

【鸿儒馆】建于清代末年的典型三层徽派民居,旧时被认为是严田村地势最低但房屋最高的房子,为进士朱锡珍后人所建。屋内雕刻的三国故事和花草禽鸟栩栩如生。

【建筑文化遗产的智慧】

布局紧凑,房屋间距小,高墙深宅,隔热隔湿

通风采光处优先晒粮食

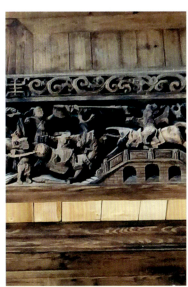

装饰的同时吸收湿气

四　严田村乡土景观与理想人居"行读"设计

巡检司俯瞰图

巡检司总平面图及主要措施

巡检司的乡村振兴

近年来，随着工业化、城镇化步伐的加快，巡检司长期自给自足的农业自稳机制和传统的农业生态景观被破坏，人口大规模外流，面临逐渐凋敝的困境。2015年，北京大学俞孔坚教授带领"望山生活"及土人设计团队以"保育本底、植入激活、新旧共生、与民共荣"为理念，开始在巡检司村实验"望山生活"——践行一种看得见山、望得见水、有乡愁的生活，探索实现乡村高质量发展、高品质生活、"绿水青山就是金山银山"的路径。

团队在系统梳理自然及文化本底的基础上，对生态、生产、生活空间进行整体规划设计，同时重塑乡村治理秩序，践行望山生活"五位一体"的理念，其核心在于建立新的城乡关系与供给策略——生态系统服务，即将人类的生存、健康与自由的福祉，建立在生态系统的安全、健全与丰饶之上，引导人们重新认识乡村生态系统的价值，实现人与自然和谐共生，促进城乡共荣。

"五位一体"的望山生活

街道改造前后对比图

巡检司村口——土人学社： 望山生活将废弃的小学改造成了土人学社，以"learning-by-doing"为教学方法，倡导"设计融入生活，改变生活，创造生活"。全国市长研修学院在此挂牌，理想人居与乡土景观研学也持续开展，巡检司成为乡村振兴的现场教育基地。

海绵措施： 河道固化、水质污染的现象在学术团体与企业介入乡村振兴后有所改善。望山生活团队于 2016 年介入巡检司，保护自然河床，加筑矮堰盘活水系，修建明渠，引水入村庄并设计曝氧池景观抑制藻类繁殖。保护并修复了以陂塘—低堰—水圳为核心的古代水利遗产，这些微型水利系统保护了自然的水过程和水格局，实现了水源涵养、地下水回补、雨污净化、雨涝调蓄，同时满足生活和生产用水需求，进一步完善了乡村的海绵系统。

古堰修复前后对比图

建筑改造：村庄建设总体规划采用"插队与拼贴"的形式，即改造旧宅基地，"插队式"地引入衣锦还乡的城市居民，并用"拼贴"的方式规划新民居与服务设施。建筑的改造遵循"最小干预"的理念，在尊重当地文化及村庄空间肌理的基础上，因地制宜地根据每一栋建筑的结构状态及空间特色来制定设计策略，将村内已荒废的民居改造为一系列能提供"沉浸式体验"的民宿。

望山生活馆、汇秀桥修复前后对比图　　　　　　　　　　答桂楼修复前后对比图

艺术活动：望山生活联合高校团队策划了全国首个"望山田野舞台"，油菜花田下的徽饶古道形成了天然的舞台，上面可以开展走秀、下午茶、钢琴展等各种活动，每一个蜂巢都是直播间，这场传媒活动共获得5000多万人次的关注量，巡检司也成为中国首个乡村振兴网络直播基地。

巡检司——下严田沿途

【巡检司乡村振兴的总结】

巡检司走出了一条不完全依赖国家投入的、拥有可持续商业模式的乡村振兴之路。具体体现为：居民收入提高，2021年巡检司常住人口年均收入较2015年提升了71%。居民自发修缮与改造的民居数量大大提升，2015年仅有10幢，2021年已达60幢，占总户数的55%。农产品完成优质优价转型，当地的郭顶红茶原用化肥和农药时售价约100元/斤，有机、安全、可溯源的"望山郭顶"茶，在市场得到了4000元/斤的认可。旅游业兴旺发展，2015年，巡检司仅有少数画家前来采风和拜访，近年来，老百姓将自家打造成特色民宿，油菜花旺季、向日葵与水稻丰收季的民宿入住率达到了80%。通过恢复生态系统，巡检司推广了绿色的生产和生活方式，建立了生态系统服务和人类福祉之间的联系，形成了可持续、可复制的乡村振兴模式。该模式通过市场化途径，实现了生态补偿和转移支付，在让城市人充分认识乡村生态系统服务的价值、享受乡村生态系统服务的同时，带去了知识和财富，使"绿水青山"变成了"金山银山"。

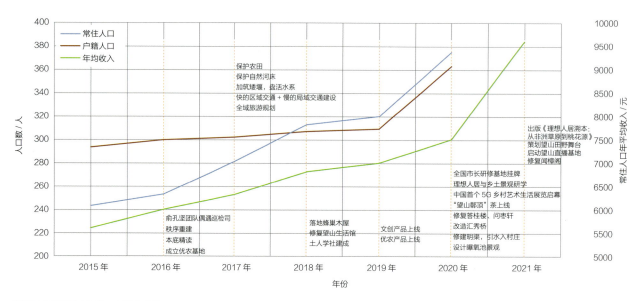

巡检司大事记及人口数、年收入变化

徽饶古道

下严田

下严田历史：宋真宗年间，李鹏举自上严田分迁严溪下游建居，为下严田始祖。下严田主姓李，旧时有小姓周、王等。昔日，下严田大致分为四部分：里门、外门、中门和四房，其中里门、外门和中门均各有分祠（众屋），现俱已毁，但遗迹尚存；也有各自的"八字门"，每当婚丧喜庆大事，都须从八字门进出。唯四房既无分祠，亦无专属的"八字门"，此系穷困所致。

下严田水口——天下第一樟：1600多年树龄的古樟树，严田人视其为神树。在"天下第一樟"文化的影响下，樟木加工业和手工艺成为下严田的特色产业。古樟民俗园等也成为下严田发展旅游的招牌之一。

树德桥：出村水口桥，位于千年古樟下，其高约4米，长约6米，宽约3米。有"绕秀"碑嵌于桥身中间。

树德桥

附录

附录一：族谱中的严田景观记载

（清）李冬华等纂修，《槐溪王氏宗谱十卷首一卷》，清光绪十九年（1893年），木活字本，上海图书馆藏

卷首"旧序"：咸丰丙辰，槐溪创修谱序：我婺著姓，皆迁自唐宋。溯其始，必得数吉壤，以钟灵毓秀，乃克振家声，开巨族，绵绵延延，历千百年而勿替。予性好游山水，于各处祖茔，无不遍为阅历。窃以为发族之地，惟武口王氏鸤鹈晒翼形为第一，心焉识之者久之。及阅王氏统谱，知由武口分迁者，江湖淮浙之间有五百余族，乡贤接踵，科第联翩，始信青鸟之说，不予欺也。我邻里王村，号槐溪，武口之一支派也。历四迁至十七世千七公，始定居于是，遂开族焉。乾隆庚子以前，谱皆统修于武口；即康熙辛丑、雍正乙巳，修自休邑、武林，亦合……槐溪诸父老，恐日久不无遗误也，乃慨然自立支谱……况乎我里数村，山脉之所钟，以我八公扦我始迁祖一代墓为最，槐溪王氏住宅后，祖墓次之。我族科第盛于宋元，而蝉联至今。槐溪祖墓为住宅所蔽，故财丁日盛，人文代兴。而科第自映二公而后稍寂。然山川灵秀之气，蓄而必发，特视乎人杰而感召之耳。兹以尊祖者、敬宗者、收族是，则一勃勃兴起之大机也。槐溪之族，安知不媲美于昔日之武口哉？是为序。

咸丰六年仲冬之吉　恩贡生候选州判　眷愚弟李振苏顿首拜撰

（清）李芳等纂修，《严田李氏家谱八卷首一卷末一卷》，清乾隆四十七年（1782年），刻本，上海图书馆藏

卷尾《上宅基图引·六十》：五公选胜严田，鼎峙三田；七世定迁一宅，平分两宅。溯青萝之贻燕，膏泽洋溢湖心；想居士之襟怀，风流披拂严口。丹崖翠壁，磊磊万石；狮城绣腹，锦心翩翩。吟亭石顶，金牛北崎；天马南驰，一犁耕破陇头云，三叠唱残阳关曲。履双桥而晚眺，洪钟响发群蒙；看一鹗以横秋，大鹏奋飞万里。抚今追昔，灵杰迥逊于昔年；裕后光前，彪炳还期于奕禩。前谱上宅下宅共绘一图，共图十景，题未有诗。今上下各绘一图，各图八景，非于山川有所增益，特较前而加详，而且每景各赋有诗，分写山川风土。不然，有题无诗，恐山灵亦笑人工拙，原有非论也。

何慊齐联志

卷尾《下宅基图引·七十》：严溪故里，下宅名区。水秀山明，别具一番景色；地灵人杰，群觇百代冠裳。文笔插青霄，写出文章横玉几；金鱼呈翠壁，堆成宝器架虹桥。细听谷口松风，涛声万顷；闲看溪光日影，鲤浪千层。学静轩中，文光焕发；彝叙堂内，世泽连绵。紫气盈盈，东圃常迎春色；霞光灿灿，南峰直表云衢。万井涵虚，一川明靓；砚桥笼瑞，蔼樟木阴。洵一方之保障，禅苍坐翠微；疏钟清远，兆千载之休祥。盖地以人传，斯运由气转。形诸吟咏，数不尽妙境奇观；溯本源，可共扦阳春白雪。披图览胜，载咏知音。

莒洲氏戴逢旦识

卷尾《严田上宅八景诗·六十三》：
（每首各置木本水源四字，每题目字逐一醒出）

青萝映月　青萝绿祖得标名，仙谱源头旧著声。
　　　　　习习清风留客午，娟娟皓月印禅清。
　　　　　蒙泉有水蛟龙窟，石室谈经钟鼓鍧。
　　　　　精舍假饶非土木，山川尤觉可人情。

桂湖流泽　一湖泉水碧澄澄，业本青萝种德宏。
　　　　　风荡午天流玉碎，月临子夜浸星明。
　　　　　泽滋灌溉非行潦，力转炎凉不世情。
　　　　　桂木五株兰九畹，源头此事付宗盟。

阳关登瀛　源来本事美登瀛，胜迹当年歌载赓。
　　　　　三叠唱酬宾主洽，四时题咏古今情。
　　　　　胸蟠琬琰勤追琢，心拟旂常勒姓名。
　　　　　西出阳关萍水达，回头木末见云横。

石顶吟亭　层层怪石起楼台，脉本同源面独开。
　　　　　达眺两湖滋万井，平铺一色绕千畦。
　　　　　亭前水木供诗画，顶畔高冈作醉媒。
　　　　　最是吟情堪适处，森森桂树恣徘徊。

万石狮城　峭壁森然列四围，狻猊坐立各成威。
　　　　　苍苍古木旌旗摆，垒垒营头队伍归。
　　　　　沉水有珠川态媚，韫山惟玉石容辉。
　　　　　万本同源狮会悟，何年一吼驻云飞。

金牛残雪　闻道雪山有白牛，胎源本自与金俦。
　　　　　飡霞吸露朝和晚，戴月披星春复秋。
　　　　　饶他绿水田畴绕，任我阳春犁耙收。
　　　　　残冬眺望峰峦景，仿佛梅花檥木头。

天马凌云　天马储精孕后贤，翘然特出祖峰巅。
　　　　　驰驱欲饮银河水，纵送宁知行潦源。
　　　　　霄汉莫攀留凤汉，木师著绩本前缘。
　　　　　萧七意欲凌云起，骧首谁人猛着鞭。

双桥晚钟　双溪环秀水拖蓝，扁锁重桥傍古庵。
　　　　　木末鸟飞高向北，源头云霁翠浮南。
　　　　　登临骚客闲敲句，选胜征人喜息担。
　　　　　向晚徘徊谈本务，钟声起处影成三。

卷尾《严田上宅八景诗·六十六》：

青萝印月　天尊护法称韦驮，未觐修真景若何。
　　　　　欲晚青萝维木本，旋惊碧洞荡风波。
　　　　　月山皎皎云端现，源水涓涓石底涡。
　　　　　祖德慈心空印佛，风流凭吊密多罗。

桂湖流泽　寻芳翰墨载驰驱，拭目中田稻穀铺。
　　　　　巨浸上流膏泽满，潜踪高注壑滋枯。
　　　　　蟠根仙种木培本，泉水圣胎源纳壶。
　　　　　子夜元灯魁五百，香飘桂苑兔昭湖。

阳光登瀛　司马提桥才著声，元龙百尺古标名。
　　　　　森森乔木本根沃，混混源头流水盈。
　　　　　折柳何心三叠曲，联宗继志迈登瀛。
　　　　　骊歌祖饯阳关道，跨海乘虹策后英。

石顶吟亭　王笋嶙峋顶露霁，扶疏木本倚楼阴。
　　　　　陟巅危石千峰峥，流水高山一曲琴。
　　　　　览址荒凉基尚古，遡源焕旧运从今。
　　　　　欲联社友重登玩，依旧芳亭寄谦吟。

万石狮城　嶙峋万石作罗城，狮子哺街源水清。
　　　　　连理合文如栢状，丹溪独处应人声。
　　　　　西关屏障俨天堑，北阜胎□布地棚。
　　　　　木本凝霜藤络首，吹毛雪片璨飞琼。

金牛残雪　质贵懒耕辞陇畔，胡令樵遇竟相誇。
　　　　　那知□□筋如竹，几见石边迹似花。
　　　　　水木珠联星聚遘，本源洞彻仗排衔。
　　　　　牛眠金井成高卧，残雪仙踪瞻仰嘉。

天马凌云　贺兰离丽自天成，汗马非名却也名。
　　　　　长啸一声林木应，翻凌三汲水波横。
　　　　　云随不减双龙跃，风逐何殊八骏行。
　　　　　联谱宗盟源有本，扶摇万里奋飞腾。

双桥晚钟　人杰本根萃地灵，源深乔木自亭亭。
　　　　　双桥焕彩开文运，两水汇流阁户扃。
　　　　　晚眺斜阳晖暴暴，夜闻古寺韵丁丁。
　　　　　重兴尊祖联宗谱，鼎食钟鸣驻马听。

卷尾《严田下宅八景诗·七十一》：
（每首各置木本水源四字，每题目字逐一醒出）

壬寅仲冬越八日，予馆甲道龙川书院，回家省亲，因至谱局。诸领袖曰："奉宪核改支谱，我姓四处设局，今谱将告成矣。汝下宅八景诗，岂可袭取别派先人现句梓之乎？"予性驽下，素未学诗，因不获辞，遂成八咏以效颦耳。每首遵按"木本水源"四字题字，逐一醒出，韵步老谱诗。

东圃长青（从海）
别圃天乔堪徜徉，青青想是得东皇。水滋藻荇源头远，烟锁蘋蘩木本长。
三径浓荫环密筱，四围嫩绿荫丛篁。莫愁霜雪催零落，时序皆春佇自芳。
金鱼虹架（金鱼山名，石壁空峒，如虹之架）
北山突兀势岩峣，疑是长虹架彩桥。木拥岩前枝叶茂，水环堤畔本源遥。
近观碧石垂千片，远望岚光绕一条。假使神龙来变化，金鱼奋发上云霄。
南峰耸翠
秀拔千层谁与齐，木星南笋万峰低。三台发脉来林下，两水归源出嶂西。
云本无心飞岭岫，鸟宁有意入云蹊。翘瞻最是怡情处，好把新诗着意题。
谷口松声
古木苍葱根本固，风来谷口奏篁笙。陇头飘渺操林韵，冈上飘摇学水生。
白鹤蟠根仙籁发，银蟾倒照满源清。名山谅有精英结，堤外乔松飒飒鸣。
溪光浮日
旭日昭回林木鲜，清溪辉映绿绞圆。河中潋滟金针刺，岸底波涛火箭穿。
赤影团团浮水面，红光皎皎泛前川。碧流设若无源本，霁色安能彻满天。
翠微古刹
万绿源中葡屋连，翠微僧舍本超然。风飘峻岭钟声彻，雾敛空山木□鲜。
一水澄清环洞底，层峦耸峙列庵前。红尘半点飞难到，古刹原来近洞天。
砚桥樟树
严溪秀水本源长，樟木笼砗荫一方。阵阵罡风笼古干，粼粼砚石彻舆梁。
彩虹斜挂征人憩，翠盖凝阴过客凉。闲眺深潭多逸趣，碧波开处锦鳞扬。
文笔环秀
西山古木本非培，文笔天成爽气来。朵朵彤云光照曜，源源秀水影徘徊。
雨时顶上淋漓洒，晴日峰头锦绣开。卓犖排空环梓里，挥毫岂少太虚才。

（清）李联等纂修，《星源严田李氏宗谱十九卷首一卷》，清乾隆十四年（1749年），上海图书馆藏

卷十九《严田十景图记·二十七》：十景图记者，记严田之十景图也。严田去邑治七十里，厥土瘠，厥俗淳。李公德鸾择胜寻幽，佳严田山水壮丽，遂定居焉。嗣后，子姓蕃衍，环严田五里许，皆为李氏之居，今之上下宅也。然其间文人有曰"青萝印月""紫阁遗今"者，言严穴生光，宠渥遗荣也；有曰"严溪秀水""石顶吟亭"者，言渊源毓秀，峰岳星辉也。"桂湖流脉""阳关登瀛"，谓非万宝凝成，群贤毕集之意乎？"金鱼虹架""万石狮城"，谓非道通四达，势固长城之意乎？如云"南峰耸翠"者，言翠色辉煌，目寓之而成色也；"谷口松声"者，言风声荟蔚，耳得之而成声也。故当其时，争游者尽多名士；至其地者，孰不欲历览而游观焉？余尝设教梵宫，与诸生浴德青萝，诵经紫阁矣。亦尝把秀溪滨，吟哦亭畔矣。陶情桂湖，聚首阳关，余与友之共适也；虹桥醉月，狮石望云，心与神之俱契也。拾翠晴峦，而余香满袖；避暑松阴，而讲谈不倦。余盖尽得夫景致之佳矣。是岁一阳，余因吊中峰，适碧源、直斋、双溪、连塘、壁山诸君，命工绘兹图以登诸谱，遂徵余记十景图。辞弗获，遂以夙昔之所得者而书之，是为记。

明嘉靖乙卯岁一阳月穀旦　庠生云衢胡翔撰

卷十九《壁山记·二十七》：严溪为婺西胜概，中峰凝云，桂塘印月，秀水澄清，双溪拖翠。而其最佳致者，有壁立之石山。下窍而为岩，中流而为泉。其石之突露偃蹇，争为奇状者，不可胜数。余尝设教于斯，与诸生历览无穷，而最爱夫壁山之可游可泳也，遂从而歌之，曰："惟石岩岩兮，可登可眺；惟水悠悠兮，可濯可湘。吾与子之所共适兮，其乐徜徉。"是岁冬，姻弟希点揖余而言曰："吾兄滋字时化，别号壁山，敢徵一言以记之。"余曰："是壁山也，其吾与子游泳兴歌之所乎？"希点曰："然。"余曰："殆足以发吾未尽之意矣。"夫山则艮也，水则坎也，流而为则兑也。语夫其势，坤也。故水上有山则为蹇，山下有水则为蒙；以泽山则为之咸，以山泽则为之损；地中有山为谦，山附于地为剥。壁山有易道焉。时化寓号于兹，不惟得孟子岩岩气象，殆深得夫子时雨化之之意，而于易道尤身体焉。希点曰："是山之水，源源不竭，真如时雨之化；吾兄之心，生生不穷，每怀利物之私。名与字号，其义本相须也。"余曰："知壁山之水能以时而滋化万物，益知时化之身体夫易道矣。夫时化之心则易也，易生生而不穷者也。易盛生而不穷，则心亦生生而不穷。何也？吾见其反身修德取诸蹇，果行育德取诸蒙，以虚受人取诸咸，惩忿窒欲取诸损，卑以自牧取诸谦，厚下安宅取诸剥。兹其进修于是山相符，此所以生生而不穷也。"且其笑语怡怿，若可亲也，而又有岩岩气象，不流于匪人之比；正色危言，若难犯也，而又有一团和气，不立乎巳甚之行。是盖凛之以介石之操，秉之以敦艮之吉，通之以和兑之利。此又生生不穷之余，其与石之突露偃蹇争为奇状者相媲美也。不深庆是山之得主乎？余将观是山于时化矣。时化尚当壁立万仞，而与泰山相雄长。

嘉靖乙卯冬一阳月哉生明　眷生云衢胡襄撰

卷十九《李氏寺观记·三十九》：我李氏为大唐显裔，自德鸾公始迁之余，创立九观十三寺，世承香火，奉祀不懈。具颜曰灵。凡远近寺观以灵名者，皆我李氏之世业也。嗣后世远湮沦，存毁不一。今举其容者，若近而本里之重兴寺、灵河寺，十七都之洞灵观；远而若大田之灵山寺、乐平杭桥之灵应观。其余或失业于先年，或并吞于权势，或圮败而丧其故址，或沦没而更其名额。旧物失去者，十七八也……至若重兴寺之近，累被侵占。嘉靖九年，僧尚互献卖豪潘；十一年，叔侄等告官，公判归户；二十一年，僧尚标托众求税入寺，应供即将本寺山地十余亩，依旧受税奉祀。嘉靖三十一年，寺邻李延福姞谋寺山阴地，倚僧尚标至亲，渐将酒食饵写寺山一亩，盗割山税……

卷十九《振藻园纪胜歌·一百零八》：猥以樗材，幸承重庆。康熙癸巳，复居祖里。严君成堂构，营别业于里溪洲畔，售得隙地亩余。原泉自北绕西达南，中阁曰达天，左勒锄经处，右映云霞，俨然流丹。前辟三汲水，复鉴莲池耳。若登阁览胜，则美景兼收：凉伞前撑，龙车后转，青萝姑山拱左，金牛石狮峙右，桂湖流泽，紫阁遗经似也。客过双桥，谩夸钟鸣鼎食，岂其然乎？阳关登瀛桥，尚存所题柱者何人？石顶吟亭若建，伊谁称为逸叟？诗翁柱顾下询，感愧交集。兹役将竣，佳章纪胜鳞集。不揣管见，欲咏散斋，以就正谨。集唐古调，冀免诮续貂云尔。芳园建阁，象渊玄别业，初开云汉边。山出尽如鸣凤岭，池成不让饮龙川。见辟乾坤新定位，看题日月更高悬。以文常会友，惟德自成邻。池照窗吟晚，杯香药味春。栏前花覆地，竹外鸟窥人。鸟弄歌声杂管弦，更逢晴日柳含烟。池中侧见南山隐，阁上平临北斗悬。宴乐已深鱼藻咏，承恩更欲奏甘泉。雨水夹明镜，双桥落彩虹。九州何处远，万里若凌空。乘兴宜投辖，邀欢莫避骢。浅匕融匕杨子居，年匕岁匕一牒书。独有南山桂花发，飞来飞去袭人裾。磊落之奇才，脱剑休徘徊。翻风白日动，跛浪沧溟开。织女机丝辉夜月，石鲸鳞甲动秋风。波飘菰米彤云灿，露洒莲房耀粉红。铜龙绕晓辟层藻，日边来晴光摇玉树，佳气入楼台。北园新载桃李枝，根株未固何转移。成阴结实惟君取，若问旁人那得知。晓河低武库，流火度文昌。寓宿光华重，乘秋藻翰扬。兴酣……

龙飞乾隆十有四年巳巳桂馥之吉　振藻主人寻芳兰谨述

《双溪记·三十四》：余与狮石诸君拾翠寻芳，由秀溪而下，见两川之水相聚。其潺潺之声与耳谋，清冷之状与目谋，渊然而静者与心谋，悠然而虚者与神谋。余曰："是水也，夫子得之为川上之叹，子思得之为渊源之论，孟子得之为观澜之趣，诗人见之而忘饥，童子见之以濯缨。莫非是川也，亦莫非是水也。余亦有深契焉。"狮石曰："此吾惟静别号之双溪也。"余曰："惟静得于是溪多矣。夫其洩心源之精，摅而为八法之雅；妙流通之术，涣而为丝竹之音；通宽泽之爱，发而为情好之至。清淡自如，不逐波于势利；湛然有守，不汹涌于声色。足此通彼，不潴秘于一身；屹然有金铉之刚，秩然有黄矢之直，确然有盈缶之信。冠裳济美，仪容雅饬，礼贤敬士，顾本思源。且树奇葩以自乐，而不流荡于荒亡。此皆惟静之得于是溪者也。"狮石曰："惟静履历既闻命矣，是溪何所资于惟静耶？"余曰："本之以山下之泉，流而为渊源之泽，不与八法之本与心源者同一趣乎？顺之以滔滔之势，布而为涓涓之声，不与丝竹之妙于流通者同一机乎？由之以地中之行，溥而为灌溉之利，不与宽泽之及于情好者同一辙乎？流行不滞而无波涛之惊，是即惟静之清淡而不逐波于势力也；澄然泛溢，不为搏激之使，是即惟静之有守而不汹涌于声色也。坎而后通而无散漫之势，是即惟静之足此通彼而不潴秘于一身是也。溪之白石齿齿，惟静金铉之刚也；是溪之百折不回，惟静黄矢之直也；是溪之往过来续，惟静盈缶之信也。清洁不混其冠裳之美，与下湿是趋其礼贤之善，与千里朝宗其源本之思，与波流潆洄而汪洋自适。是又奇葩自乐之余意也。一动一静，何适而不与是溪相符契耶？尚当扩之以海阔之襟，大之以江河之量，广之以渊静之深。夫然，则虽百川沸腾而容受之益弘也，其利不亦溥哉！"狮石曰："双溪之号发舒殆尽，双溪之心阐扬益精，其惠爱夫惟静者不为益至哉！请书而记之。"

明嘉靖乙卯岁冬一阳月榖旦 眷爱生云衢胡襄拜书

卷卷首《狮石记·三十六》：狮石在严田十景中，形胜之雄，孑然突起，有崔巍凌空之势，翼然耸拔，有轩翱翔之状。其嶔然相累而下者，若虎豹之饮于溪；其冲然角立而上者，若熊黑之登于山。近而观之，凝定不移，如狮之安息而不动；远而望之，变动不拘，如狮之奔走而跳跃。兹狮石之所由名也。由其高以望，则山之高、云之浮、溪鱼鸟兽之遨游，举熙熙然，廻巧献技，以效兹石之下者，殆不可数。姻弟钰，字玉完者，爱而奇之，与客时游，扶苍筇，登巍岩，坐狮石，籍石英，烧白石，煮石泉，茹石脂，击石兴歌，献酬交错，而石狮率舞，群石震动。盖不必技能以侑觞，自尔酣醉而甚乐也。遂自号曰狮石。余见其独立不惧，浩然之气，充塞宇宙，即石之崔巍凌空也；振作不倦，勇往之志勃发，两间即石之轩举翱翔也；谦抑下人而不诡随于群小，非如石之虎豹□□□□□□□乎；果敢直前而少枉于邪议，非如石之熊黑□山而毛□□□竝乎。此皆玉完之类，夫石也。至若静以居身也，父子笃，兄弟睦，夫妇和，继先裕后，充拓不□，其即狮石之镇定而不移也；动而处众也，仁宗族，厚僚友，酌事宜，化裁尽变，推行尽通，其即狮石之变动而不拘也。是狮为圣世之瑞，以之而状。夫石盖以精英之所萃者，有神武之休祥；玉完为一代之祯，以之而寓是号。盖以人之解除者，符地之英灵也。噫！以兹石之胜，置之都会之间，则贵游之士相继不绝；今置是乡也，前此无寄意者，而玉完独喜寓之。果狮石之遭乎？抑玉完之遭乎？书以记之，于以贺玉完与狮石之相遭也。

姻兄云衢胡襄撰

附录二：严田村古建筑基础资料梳理

编号	地址	名称	年代	面积/长度	所有权	编号	地址	名称	年代	面积/长度	所有权
1	上严田村	李××	民国	92m²	个人	39	上严田村	李××	民国	151.8m²	个人
2	上严田村	王××				40	上严田村	李××	清代	124.8m²	个人
3	上严田村	双冠桥	南宋		集体	41	上严田村	李××、朱××	清代	68.3m²	个人
4	上严田村	李××	明代	84m²	个人	42	上严田村	春辉堂	清代	207m²	集体
5	上严田村	李××、潘××	清代	112m²	个人	43	上严田村	笃××	清代	148.7m²	个人
6	上严田村	王××				44	上严田村	朱××、李××	明代	103.5m²	个人
7	上严田村	江××	明末	120m²	个人	45	上严田村	李××	明代	180m²	个人
8	上严田村	徐××	清代	101.6m²	个人	46	上严田村	李××	清代	136.8m²	个人
9	上严田村	紫阳世家	元代	494.8m²	集体	47	上严田村	李××	明代	98.7m²	个人
10	上严田村	李××	清代	94.5m²	个人	48	上严田村	曹××	清代	102m²	个人
11	上严田村	李××	清代	135.3m²	个人	49	上严田村	李××	清代	77.9m²	个人
12	上严田村	李××	清代	84m²	个人	50	上严田村	古巷	清代	250m	集体
13	上严田村	吴××	清代	75.6m²	个人	51	上严田村	李××、李××	清代	80.34m²	个人
14	上严田村	李××、李××、李××	清代	128.9m²	个人	52	上严田村	李××	民国	103.5m²	个人
15	上严田村	李××、李××	清代	63m²	个人	53	上严田村	李××仓库	清代	426.3m²	集体
16	上严田村	李××	清代	89.8m²	个人	54	上严田村	李××	民国	82.4m²	个人
17	上严田村	李××、李××	清代	189.8m²	个人	55	上严田村	朱××、朱××	清代	88.4m²	个人
18	上严田村	黄××	清代	167.3m²	个人	56	上严田村	朱××、潘××	清代	162m²	个人
19	上严田村	朱××	清代	81.5m²	个人	57	上严田村	朱××、朱××	清代	138m²	个人
20	上严田村	董××	明代	91.3m²	个人	58	上严田村	朱××	清代	84m²	个人
21	上严田村	董××	清代	74.7m²	个人	59	上严田村	朱××	明末	94.5m²	个人
22	上严田村	何××、何××、李××	清代	168.8m²	个人	60	上严田村	朱××	清中期	132.3m²	个人
23	上严田村	李××、李××	清代	96.3m²	个人	61	上严田村	朱××、朱××、朱××	清代	107.6m²	个人
24	上严田村	门楼	清代	20m²	集体	62	上严田村	水口林桥头屋	清代	96.3m²	集体
25	上严田村	芮××	民国	103.4m²	个人	63	上严田村	四勿桥	南宋	9m²	集体
26	上严田村	王××、朱××	民国	180.7m²	个人	64	上严田村	古井	南宋	5m²	集体
27	上严田村	李××、施××	清代	216.9m²	个人	65	上严田村	双溪桥	明代	15m	集体
28	上严田村	董××	清代	108.3m²	个人	66	上严田村	墩睦堂	明代	300m²	集体
29	上严田村	江××	清代	89.1m²	个人	67	上严田村	朱家八字门	明代	300m²	集体
30	上严田村	李××、李××	清代	82.5m²	个人	68	上严田村	朱××、朱××	清代	99m²	个人
31	上严田村	黄××、吴××	清代	156.4m²	个人	69	上严田村	朱××	清代	83.3m²	个人
32	上严田村	胡××	民国	82.8m²	个人	70	上严田村	朱××	清代	84m²	个人
33	上严田村	李××	民国	181.5m²	个人	71	上严田村	李××	民国	108.3m²	个人
34	上严田村	李××	民国	118m²	个人	72	上严田村	程××、程××、程××	明代	126m²	个人
35	上严田村	李××、李××、李××	清代	92.8m²	个人	73	上严田村	李××	清代	64.8m²	个人
36	上严田村	李××	民国	63.7m²	个人	74	上严田村	戴××	清代	75m²	个人
37	上严田村	李××	清代	115.5m²	个人	75	上严田村	王××	清代	67.7m²	个人
38	上严田村	林××	清代	78.2m²	个人	76	上严田村	何××	清代	82.9m²	个人

编号	地址	名称	年代	面积/长度	所有权
1	王村	王村祠堂	明代	280m²	个人
2	王村	洪××	民国	60m²	个人
3	王村	王××	清代	120m²	个人
4	王村	王××	清代	200m²	个人
5	王村	王××	清代	120m²	个人
6	王村	王××	清代	100m²	个人
7	王村—上严田	古驿道	清代以前	1500m	集体

编号	地址	名称	年代	面积/长度	所有权
1	巡检司	巡检司村头桥（四季桥）	明代	5m	集体
2	巡检司	潘××	民国	150m²	个人
3	巡检司	巡检司村尾石桥（三孔桥）	南宋	15m	集体
4	巡检司	潘××（已经出售给望山公司）	清代	118.9m²	个人
5	巡检司	吴××（已经出售给望山公司）	清代	96.8m²	个人
6	巡检司	潘××	民国	89.6m²	个人
7	巡检司	潘××	民国	91m²	个人
8	巡检司	潘××、潘××	清代	167.2m²	个人
9	巡检司	俞××	清代	109.3m²	个人
10	巡检司	潘××等	清代	78.7m²	个人
11	巡检司	潘××	清代	85m²	个人
12	巡检司	程××	清代	86.9m²	个人
13	巡检司	潘××	清代	196.8m²	个人
14	巡检司	潘××	清代	83.6m²	个人
15	巡检司	潘××	清代	95.7m²	个人
16	巡检司	潘××	清代	100m²	个人

编号	地址	名称	年代	面积	所有权
1	下严田村	李××	清代	140m²	个人
2	下严田村	李××、李××、李××、李××	清代	200m²	个人
3	下严田村	潘××	清代	120m²	个人
4	下严田村	古驿道	宋代	700m²	个人
5	下严田村	周××	民国	220m²	个人
6	下严田村	李××	清中期	240m²	个人
7	下严田村	李××	清中期	240m²	个人
8	下严田村	古门楼	明末	50m²	集体
9	下严田村	树德桥	南宋	126m²	集体

附录三：严田村水利遗产数据表

编号	类型	经度	纬度	名称	测距/m	编号	类型	经度	纬度	名称	测距/m
1	案山	117,39,20.7	29,22,1.16			34	河道	117,39,23.56	29,22,1.34		10.1
2	碑	117,39,17.12	29,22,5.18			35	河道	117,39,22.6	29,22,3.47		9.5
3	碑	117,39,1.33	29,21,53.19			36	河道	117,39,21.33	29,22,6,27		14.8
4	碑	117,39,28.45	29,21,48.29			37	河道	117,39,17.18	29,22,6.33		11.9
5	碑	117,40,2.31	29,22,8.11			38	河道	117,39,16.38	29,21,59.45		2.5
6	碑	117,40,25.38	29,22,19.37			39	河道	117,39,10.46	29,22,0.47		10.7
7	祠堂	117,40,19.53	29,22,17.57			40	河道	117,39,8.14	29,22,0.52		36.5
8	古道	117,39,25.2	29,21,52.36			41	河道	117,39,6.49	29,22,0.3		12.4
9	古道	117,39,27.1	29,21,42.4			42	河道	117,39,3.54	29,21,58.44		15.6
10	古道	117,40,0.29	29,22,11.31			43	河道	117,39,2.32	29,21,58.19		8.8
11	古道	117,39,55.56	29,21,13.48			44	河道	117,39,0.33	29,21,57.1		13.5
12	古水渠	117,39,2.13	29,21,48.58		2	45	河道	117,39,0.18	29,21,55.45		25.2
13	古水渠	117,39,0.43	29,21,49.39		1	46	河道	117,38,59.43	29,21,55.23		11
14	古水渠	117,39,16.55	29,21,59.49			47	河道	117,38,52.11	29,21,52.52		28.9
15	古水渠	117,39,28.22	29,21,49.9			48	河道	117,39,31.2	29,22,9.24		8.4
16	古水渠	117,39,28.46	29,21,48.37			49	河道	117,39,33.38	29,22,10.33		43
17	古水渠	117,39,28.14	29,21,48.17			50	河道	117,39,38.27	29,22,13.47		23.6
18	古水渠	117,39,37.27	29,21,43.25			51	河道	117,39,45.53	29,22,16.21		14.7
19	古水渠	117,39,28.48	29,21,48.28		7	52	河道	117,39,46.18	29,22,17.56		15.3
20	古水渠	117,39,35.1	29,22,46.52			53	河道	117,39,46.7	29,22,18.22		4.6
21	古水渠	117,39,32.38	29,22,55.1			54	河道	117,39,44.23	29,22,20.48		8.1
22	古水渠	117,39,56.59	29,22,11.44			55	井	117,40,16.46	29,22,16.45	七星塘	
23	古水渠	117,39,59.52	29,22,11.43			56	井	117,39,50.40	29,22,19.33	南宋朱家井	
24	古水渠	117,40,0.39	29,22,11.24			57	门	117,40,21.14	29,22,17.59	紫气东来门	
25	古水渠	117,40,0.44	29,22,11.5			58	庙	117,39,21.47	29,22,2.43	社公庙	
26	古水渠	117,40,2.3	29,22,8.15			59	桥	117,39,29.56	29,22,6.16	义成桥	6.5
27	古水渠	117,40,5.2	29,22,3.28			60	桥	117,39,22.8	29,22,2.16	汇秀桥	13.2
28	古水渠	117,40,26.41	29,22,14.31			61	桥	117,39,19.2	29,22,2.29	四喜桥	4.7
29	古水渠	117,40,26.23	29,22,14.47			62	桥	117,39,4.27	29,21,59.6	守义桥	10.7
30	古水渠	117,40,26.3	29,22,14.4			63	桥	117,39,1.5	29,21,57.41	立信桥	13.4
31	古水渠	117,40,26.24	29,22,14.32			64	桥	117,38,53.21	29,21,53.44	树德桥	17.3
32	河道	117,39,29.7	29,22,1.15		12.9	65	桥	117,39,36.55	29,22,12.27	开城桥	15.4
33	河道	117,39,27.4	29,22,0.52		13.7	66	桥	117,39,46.1	29,22,16.47	白停石桥	8.3

续表

编号	类型	经度	纬度	名称	测距/m	编号	类型	经度	纬度	名称	测距/m
67	桥	117,39,44.9	29,22,19.5	五女桥	5.8	99	现代桥	117,38,57.35	29,21,53.23		14.5
68	桥	117,39,24.25	29,21,52.49	务沅县土×局捐资重建98年	4.5	100	现代桥	117,39,45.57	29,22,22.45	立德桥	10.9
69	桥	117,39,26.11	29,21,41.33			101	现代桥	117,39,46.42	29,22,24.45	耕心亭	6.9
70	桥	117,39,55.1	29,22,13.4		4.8	102	现代桥	117,39,46.42	29,22,26.45		6.6
71	桥	117,40,1.57	29,22,9.17			103	现代桥	117,39,46.5	29,22,27.3	归心亭	6.9
72	桥	117,40,4.24	29,22,5.17			104	现代桥	117,39,39.3	29,22,41.31		
73	桥	117,40,23.44	29,22,18.37			105	现代堨	117,39,29.54	29,22,3.26		
74	山泉	117,38,52.21	29,21,55.17			106	现代堨	117,39,8.37	29,22,0.48		23
75	树	117,39,50.38	29,22,19.35	上严田水口		107	现代堨	117,38,50.19	29,21,50.57		12
76	树	117,39,46.25	29,22,17.4	六合树		108	现代堨	117,39,34.2	29,22,11.1		42
77	树	117,39,11.3	29,22,1.3	下严田水口		109	现代堨	117,39,40.31	29,22,13.4		22
78	树	117,38,54.37	29,21,54.35	下严田水口,天下第一樟		110	现代堨	117,39,45.36	29,22,15.5		12.7
79	树	117,38,63.32	29,21,55.7	下严田水口		111	现代堨	117,39,45.2	29,22,19.37		6.7
80	树	117,39,21.59	29,22,3.12	巡检司水口,天下第二樟		112	现代堨	117,39,45.4	29,22,22.1		9
81	树	117,38,57.2	29,21,53.26	下严田水口		113	现代堨	117,39,46.42	29,22,24.11		7.1
82	树	117,39,50.11	29,22,15.47	疑似案山		114	现代堨	117,39,46.31	29,22,25.51		5.5
83	水碓	117,38,51.12	29,21,53.3			115	现代堨	117,39,46.59	29,22,27.28		7.2
84	水库	117,39,7.49	29,21,48.1	庄坑水库		116	现代堨	117,39,47.33	29,22,20.32		10
85	水库	117,39,30.2	29,22,58.28	汪坑水库		117	现代堨	117,39,35.1	29,22,46.52		7
86	水库	117,40,5.6	29,22,1.47			118	堨	117,39,22.45	29,22,1.53		16.1
87	水库	117,40,27.9	29,22,11.29	代坑水库		119	堨	117,39,21.18	29,22,6.4		
88	水库	117,40,33.1	29,22,18.52			120	堨	117,39,0.25	29,21,56.23		19.8
89	水圳	117,39,44.54	29,22,19.44			121	堨	117,38,55.53	29,21,53.34		19.6
90	水圳	17,39,29.56	29,22,9.15			122	堨	117,39,44.44	29,22,21.38		9.4
91	塘	117,40,20.3	29,22,17.51			123	堨	117,38,46.52	29,21,48.29		16.2
92	塘	117,40,14.48	29,22,18.27	七星塘		124	堨	117,39,23.38	29,21,53.28		3
93	塘	117,38,59.57	29,21,55.41			125	堨	117,39,28.3	29,21,50.36		3.5
94	塘	117,39,47.31	29,22,28.39			126	堨	117,39,20.14	29,21,47.47		3
95	塘	117,38,47.33	29,21,47.11			127	堨	117,39,55.1	29,22,12.52		
96	塘	117,39,25.53	29,21,51.17			128	堨	117,39,57.2	29,22,11.46		
97	亭	117,38,49.52	29,21,55.2	福德亭		129	堨	117,40,25.49	29,22,17.9		
98	现代桥	117,39,22.1	29,22,5.4		9.8	130	作坊	117,38,50.29	29,21,54.32		

中文文献

侯晓蕾，郭巍，2015. 场所与乡愁：风景园林视野中的乡土景观研究方法探析 [J]. 城市发展研究，22（4）：80-85.

李畅，杜春兰，2015. 乡土聚落景观的场所性诠释：以巴渝古镇为例 [J]. 建筑学报（4）：76-80.

芦旭，雷振东，王子亮，等，2017. 基于乡土景观安全的黄土沟壑区乡村住区场地设计实践 [J]. 现代城市研究（11）：25-30.

谢高地，鲁春霞，冷允法，等，2003. 青藏高原生态资产的价值评估 [J]. 自然资源学报，18（3）：189-196.

俞孔坚，2021. 大历史视野中的人类景观 [J]. 景观设计学（中英文），9（2）：4-7.

俞孔坚，王志芳，黄国平，2005. 论乡土景观及其对现代景观设计的意义 [J]. 华中建筑（4）：123-126.

英文文献

COSTANZA R, D'ARGE R, GROOT R, et al., 1987. The value of the world's ecosystem services and natural capital[J]. Nature, 387: 253-260.

GERECKE M, HAGEN O, BOLLIGER J, et al., 2019. Assessing potential landscape service trade-offs driven by urbanization in Switzerland[J]. Palgrave communications, 5(1): 109.

JIANG P H, CHEN D S, LI M, 2021. Farmland landscape fragmentation evolution and its driving mechanism from rural to urban: a case study of Changzhou City[J]. Journal of rural studies, 82: 1-18.

KREUTER U P, HARRIS H G, MATLOCK M D, et al., 2001. Change in ecosystem service values in the San Antonio Area, Texas[J]. Ecological Economics, 39(3): 333-346.

LEWIS P K, 1979. Axioms for reading the landscape: some guides to the American scene[M]//MEINIG D W. The interpretation of ordinary landscapes. Oxford: Oxford University Press: 12-15.

LI S S, YUN W J, CAO W J, et al., 2018. Spatial morphology identification of wellfacilitated farmland construction based on patch scale[J]. Nongye Jixie Xuebao/Transactions of the Chinese society for agricultural machinery, 49(7): 112-118.

PAZUR R, BOLLIGER J, 2017. Land Changes in Slovakia: past processes and future directions[J]. Applied geography, 85: 163-175.

RAFAAI N H, ABDULLAH S A, REZA M I H, 2020. Identifying factors and predicting the future land-use change of protected area in the agricultural landscape of Malaysian peninsula for conservation planning[J]. Remote sensing applications: society and environment, 18 (4): 100298.

ŠÁLEK M, HULA V, KIPSON M, et al., 2018. Bringing diversity back to agriculture: smaller fields and non-crop elements enhance biodiversity in intensively managed arable farmlands[J]. Ecological indicators(7): 65-73.

SU S L, XIAO R, JIANG Z L, et al., 2012. Characterizing landscape pattern and ecosystem service value changes for urbanization impacts at an eco-regional scale[J]. Applied geography, 34: 295-305.

TILDEN F, 1957. Interpreting our heritage[M]. Chapel Hill: University of North Carolina Press.

WEISSTEINER C J, GARCIAFECED CELIA, PARACCHINI M L, 2016. A new view on EU agricultural landscapes: quantifying patchiness to assess farmland heterogeneity[J]. Ecological indicators, 61: 317-327.

图书在版编目（CIP）数据

乡土景观解释学 = Vernacular Landscape Interpretation / 俞孔坚等著. ——北京：中国建筑工业出版社，2024.2
（北京大学设计课程系列）
ISBN 978-7-112-29519-7

Ⅰ.①乡… Ⅱ.①俞… Ⅲ.①景观学 Ⅳ.①P901

中国国家版本馆CIP数据核字（2023）第252309号

责任编辑：王晓迪　费海玲
版式设计：锋尚设计
责任校对：赵　力

北京大学设计课程系列
乡土景观解释学
Vernacular Landscape Interpretation
俞孔坚　李嘉宁　姜河之是　郑心怡　刘晋源　彭　晓　王玉圳　著

*

中国建筑工业出版社出版、发行（北京海淀三里河路9号）
各地新华书店、建筑书店经销
北京锋尚制版有限公司制版
天津裕同印刷有限公司印刷

*

开本：889毫米×1194毫米　1/20　印张：7$\frac{1}{5}$　字数：217千字
2025年3月第一版　2025年3月第一次印刷
定价：**88.00**元
ISBN 978-7-112-29519-7
（42203）

版权所有　翻印必究
如有内容及印装质量问题，请与本社读者服务中心联系
电话：（010）58337283　QQ：2885381756
（地址：北京海淀三里河路9号中国建筑工业出版社604室　邮政编码：100037）